HEL PASTOUREAU

BESTIAIRES DU MOYEN ÂGE

中世纪动物图鉴

[法] 米歇尔·帕斯图罗 著

王 烈 译

作者简介

米歇尔·帕斯图罗

Michel Pastoureau

1947 年出生于法国巴黎。法国历史学家。中世纪历史教授、西方符号学专家。帕斯图罗教授发表了大量著作，包括关于颜色、动物、符号和圆桌骑士的历史著作，他还写了关于徽章和纹章的著作。

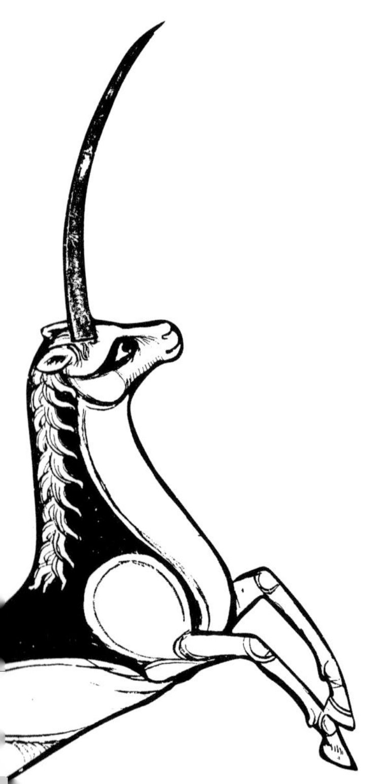

致　克洛迪娅

中世纪动物观光指南

大家好！欢迎来到中世纪动物世界！

在这里，你将会看到勇敢的狮子、邪恶的狼……美丽的独角兽和美人鱼……但也会发现色彩斑斓的豹、家养的狐狸和黄鼠狼……一张张色彩丰富、异想天开的图片串联起来，就是一幅完整的中世纪动物画卷。

为了更好地展现“图鉴”的意涵，我们在本书的版式上做了精心构建。所以，请用几分钟的时间浏览一下关于本书版式的解说，以便能够顺利而愉悦地完成这趟旅程。

首先，本书的每个章节前，都会有一幅跨页图片，提醒你这是一个新章节的开始。在行文中也穿插着大量精选自各个时期的动物图鉴的图片，每幅图片下面也都有对应的图释，我们用三角符号的方向来提醒大家图释所对应的图片。当看到实心三角符号时，请沿着尖角方向看，图片就在同一个页面内；当看到空心三角符号时，说明图片和图释不在同一个页面内，那么，就请沿着尖角方向翻过一页。

接着，进入正文后，你会看到行文中有两种注释序号，即 1、2……和①②……前一种是原书注释，我们采用书后尾注的方式，全部放在了“注释”栏目中；后一种是译者注释，我们以脚注的方式，放在对应页面的下方。为了方便读者查找和翻阅，我们还在页眉上列出了此页面所涉及的动物。

最后，这是一本以动物穿插起来的中世纪文化史，所以，也请各位能够在中世纪的背景下看待动物被赋予的内涵与隐义。

现在，请再翻动一页，新世界的大门正在等待你去开启，祝你观光愉快！

上海社会科学院出版社

2019 年 7 月

目 SOMMAIRE 录

目录
SOMMAIRE

中世纪动物学

马诺·韦斯特
Meermanno

▲ **百鸟图**（约 1445—1450 年）

中世纪的人们已经很了解鸟类，更甚于鱼类或野生四足兽。那时的人们很喜欢观察鸟类，聆听它们的声音，欣赏它们的样子。动物图鉴和百科全书中记载了许多种类的鸟。

"英格兰人"巴塞洛缪斯（Bartholomeus Anglicus），《事物特性》（*Le livre des propriétés des choses*），让・科尔伯雄（Jean Corbechon）法译本，巴黎，法国国家图书馆，法文手抄本 136，12 页正面。

·中世纪动物学·

▲ **鹦鹉**（约 1270—1275 年）

13 世纪后半期，鹦鹉成为宠物，王后、公主、贵妇爱其颜色艳丽又善学舌。此风尚始于英格兰，但很快就被欧洲大陆接受，一直持续到 16 世纪。

拉丁文动物图鉴，杜埃（Douai），市立图书馆，手抄本 711，27 页正面。

△ **豹**（约 1450 年）

拉丁文动物图鉴，海牙，梅尔马诺·韦斯特雷尼亚尼姆博物馆（Museum Meermanno-Westreenianum），手抄本 10B 25，3 页正面。

鹿寿千岁；野猪角生于口；黄鼠狼怀胎口中，子自耳出；公牛若系于无花果树则气力尽失；公羊体热，血可熔金刚石；鸵鸟乃骆驼的一种，五金器物，无所不食；猞猁，白色巨虫也，目可透视；鬣狗雌雄可变；飞燕饮食睡眠皆空中完成。

这些都是中世纪动物图鉴中的说法。这些神奇的“百兽之书”，其意图不在于描绘动物，更非科学研究，而是要通过描绘动物来支持道德和宗教理论。这些书不是博物专著，至少不是我们理解的那种，书中借动物来讲述上帝、基督、圣母、圣人，以及魔鬼、妖怪、罪人之事，花了大量篇幅来描绘动物“特征”及“本性”中的奇妙之处，不为研究动物的构造、习性、生理特点，而是为赞颂造物的神奇、造物主的伟大，并传授信仰的真谛，引信者皈依。正因如此，其影响反倒比单纯的博物专著大得多。12 世纪起，在布道、寓言、罗曼雕塑、童话传说、《列那狐的故事》（*Roman de Renart*）、谚语、印章、族徽中……随处可见这种描绘的影子。对这种描绘的研究揭示更多的是文化史而非博物志。

▲ **鹿与蛇**（约1280—1290年）

继古典时代的作者之后，动物图鉴和百科全书也都说“鹿克蛇”。由此可见，鹿是一种堪比基督的动物，具有奇妙的特性，体现了许多美德。

富伊瓦的于格（Hugues de Fouilloy），《禽鸟图鉴》（*Aviarium*），瓦朗谢讷（Valenciennes），市立图书馆，手抄本101，192页正面。

因此，中世纪动物学与现代动物学不是一回事，不应以我们今天的认知和规范去研究中世纪动物学，更不该以此评判其对错。以现在衡量过去毫无道理，更显出根本不懂什么叫历史。其实，我们今天的知识也并非真理，只是认知过程的一个阶段。再过几个世纪，可能当今最负盛名的动物学家也难免在后人那里贻笑大方，正如今天他们笑话19世纪的前辈一样。一直以来，每个时代都以为自己掌握了终极或部分的真理。史学家十分清楚此事，思考、研究、判断之时也必将其牢记于心。可以比较古今，但必须明白，时代不同，社会不同，所谓的科学和科学方法也不同。

与通常以为的相反，中世纪的人们已经很会观察动植物，但他们不觉得观察与知识有什么关系，更不认为通过观察能得到真理。真理不来自外表，而来自玄妙：所谓“实”是一回事，所谓“真”则是另一回事，两者不一样。同样，画家也很清楚怎么用写实的方法去表现动物，但中世纪末期之前很少有画家这么做，因为通常的画法，即彩绘动物图鉴中的那种画法，在他们看来比写实更好、更真、更重要。在中世纪文化中，精确不代表真实。而且，写实只不过是一种表现方式，与其他方式并不矛盾，也不代表进步。如不能认识到这一点，就无法弄懂中世纪艺术，也不会明白图像史。图像中的一切都约定俗成，“现实主义”亦然。

▼ **象之德**（约1230年）

这里表现了大象的三种德行：象克龙；雄象在交配前会食用神草曼德拉以净化自身（上）；雌象知耻，会去水中产子。

拉丁文动物图鉴，巴黎，法国国家图书馆，拉丁文手抄本2495B，40页正面。

研究中世纪动物学的史学家也应该记住，今天我们熟知的许多概念在那时并不为人所知。比如哺乳动物这个概念，亚里士多德已多少有所

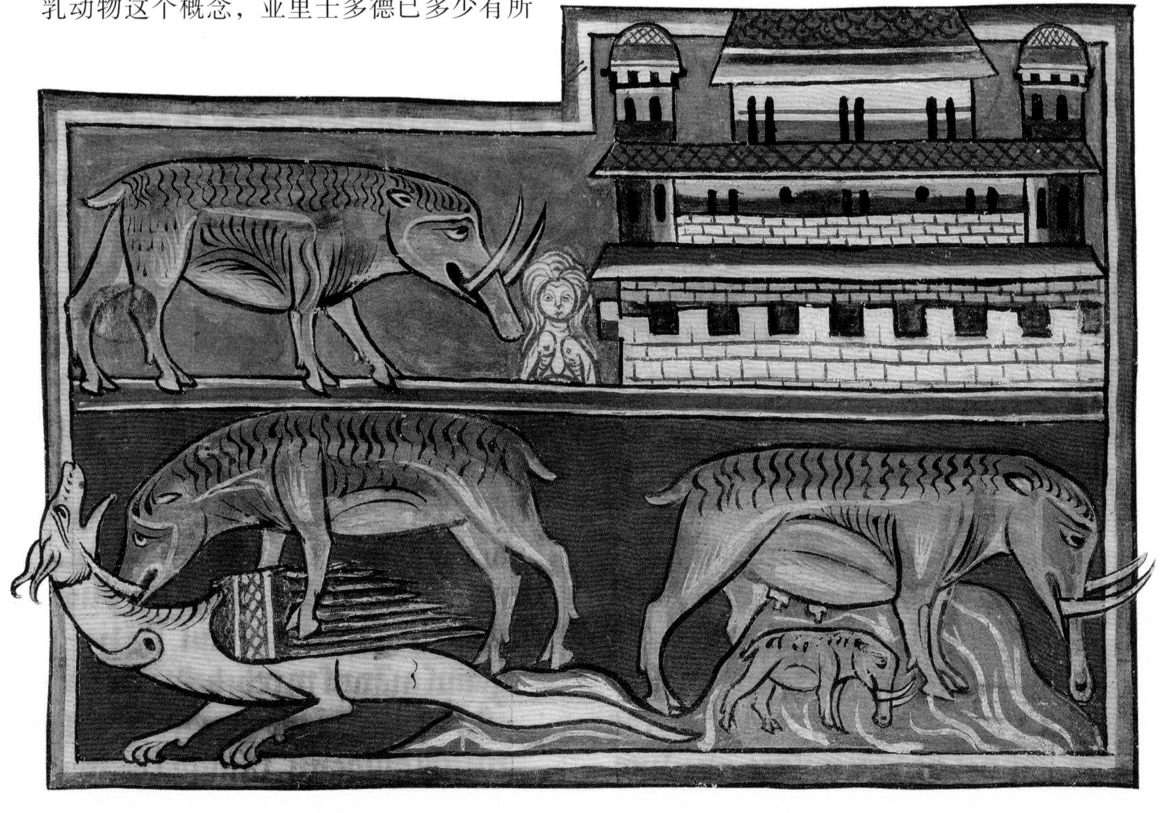

掌握，但也未将其列为一种基本分类，中世纪对此则一无所知。要到启蒙时代，林奈（Linné）[①]等博学之士才将其列为动物界的重要一员。鲸类、爬行类、两栖类也一样，这些概念至18世纪末19世纪初才真正出现，一些亲缘关系长期不明的物种也是到这时才被清楚分类。古典时代和中世纪的认知中也没有昆虫，这一概念到16世纪才出现，昆虫学这个特定领域由此逐渐建立起来。

当今的这些概念不能原封不动、不假思索地套用到中世纪的知识中。在动物图鉴、百科全书、关于动物的文章中，或是关于饲养、农学、兽医学的作品中，作者都以不同标准来分类、排列动物，与我们的分类非常不一样。我们今天的分类体系基本继承自十八九世纪的博物学大家，如林奈、拉马克（Lamarck）[②]、居维叶（Cuvier）[③]、若弗鲁瓦·圣伊莱尔（Geoffroy Saint-Hilaire）[④]等人。

和古希腊、古罗马的作者一样，中世纪的作者通常也将动物分为五大类：四足兽、鸟、鱼、蛇、虫。所有物种皆可归入其一，界限宽泛，时常变动，并无定规。比如，“鱼”不仅包括真正的鱼类，还包括大部分生活在水里的生物，如鲸、豚等海洋哺乳类，还有些对我们而言完全是杂糅的生物，如塞壬、海僧侣、神秘的锯鳐。而“虫”则包括所有不能归入前几类的小型动物，不仅有蠕虫，还有小型啮齿动物、昆虫、两栖类、腹足类，有时甚至还有贝壳类。今天被我们归为软体类和甲壳类的，一部分被归入“鱼”，另一部分被归入“虫”。

这就是古典时代的作者们通常采用的分类，也是我们今天在大部分中世纪动物图鉴和百科全书中依然能看到的分类。为了做好史学工作，避免以今度古，本书保留了这种体系。

---

① 卡尔·林奈（Carl Linné，1707—1778年），瑞典植物学家、动物学家。他建立了给动植物命名的双名命名法，被称为“现代分类学之父”。（译者注，如无特别说明，本书脚注皆为译者注）

② 让·巴蒂斯特·拉马克（Jean-Baptiste Lamarck，1744—1829年），法国博物学家。他的拉马克学说（关于生物进化的看法）对达尔文及进化论的产生有重要影响。

③ 乔治·居维叶（Georges Cuvier，1769—1832年），法国博物学家、动物学家。他是比较解剖学和古生物学的创始人。

④ 若弗鲁瓦·圣伊莱尔（1772—1844年），法国博物学家。

本书旨在介绍动物图鉴中的各种动物，辅以其他文字或图像资料，并参照中世纪社会及文化的其他方面。在中世纪，动物形象随处可见，不管研究哪类文献，都必然会遇到。在西方，中世纪似乎是最频繁而深刻地思考、讲述、表现动物的时期。教堂里甚至也有它们的身影，有很大一部分装饰都是动物，神父、信徒、修道士每天都可以看到这些装饰。有些高级神职人员，比如 12 世纪的克莱尔沃的圣伯纳德（Saint Bernard de Clairvaux）①，深深以此为耻，这些人憎恶那些“凶狠的狮子、不洁的猴子、带斑点的老虎、杂合的怪物、奇异的半人马、身如四足兽的鱼、骑着人或其他动物的动物”。[1]

中世纪跨越千年，对待动物的态度绝非一成不变，所以应分时期讨论，查理曼时期对猫狗的看法就不同于圣女贞德时期②。但也须指出，中世纪的基督教文化对动物充满好奇，有两种看似矛盾的想法：一种认为动物与人对立，人是按神的样子创造的，而动物不洁净、不完美，要服从于人；另一种认为人与动物皆生灵，有亲缘关系，且不仅限于生理性质，动物可以成为人的榜样，有些神学家、伦理学家、传道者也以动物为例。

第一种想法占主导地位。动物之所以经常被提及、讲述、书写，是为了将动物与人相比，表现动物的低等，反衬人的高级，因此才一直说起动物，什么都要扯上动物，以动物作比喻或作画是司空见惯的。[2]总之，按克洛德·列维－斯特劳斯（Claude Lévi-Strauss）③的话就是“象征性地看动物”。[3]第二种想法较低调，但在动物图鉴中很常见。众生一体的概念始于亚里士多德，圣保罗在《罗马书》中也说动物是“神的儿女”④，基督降世既为拯救人类也为拯救动物。[4]

▽ **豹之色**（约 1240 年）

动物图鉴中，豹的毛色鲜亮，通常有七彩，“七”在中世纪代表完美。它吐气如兰，引得百兽纷至，除了龙，因为豹克龙，龙一闻到豹的气息就会逃走。豹代表驱除恶魔、让善男信女围绕身边的基督。

拉丁文动物图鉴，牛津，博德利图书馆（The Bodleian Library），博德利手抄本 764，7 页反面。

---

① 克莱尔沃的圣伯纳德（1090—1153 年），法国修道士。他是西多会隐修院的创立者。

② 查理曼时期约为 8—9 世纪，圣女贞德时期约为 15 世纪。

③ 克洛德·列维－斯特劳斯（1908—2009 年），法国人类学家。其作品对结构主义和结构人类学理论的发展有重要影响。

④ 见《圣经·新约·罗马书》8 ： 21，“但受造之物仍然指望脱离败坏的辖制，得享神儿女自由的荣耀。”（如无特别说明，本书脚注所引用的都为新教和合本《圣经》）

神学家对这段话尤其敏感，想弄清其含义。所有动物真的都是“神的儿女”吗？基督真的是来拯救地上所有生灵的吗？某些作者认为，基督出生在马厩就证明动物也会得拯救。动物死后会复活吗，会上天堂吗？是去特意留给它们的地方，还是去人的天堂或地狱？还有些作者则对动物的在世生活有疑问。星期天能劳作吗？要守斋吗？应该被当成有道德的生物吗？

到了 13 世纪和 14 世纪，大学里依然在讨论这些问题。中世纪的这些疑问其实表明基督教已把动物上升了一级。古希腊、古罗马及早期基督教根本不在乎动物，甚至鄙视动物，而中世纪把动物拉到了台前，动物图鉴就是最好的书本例子。

◀ **喜鹊**（约 1195—1200 年）

喜鹊是乌鸦的近亲，中世纪认为它和乌鸦一样聪明，也和乌鸦一样与猫头鹰相克、与狐狸为友。黑白相间的羽毛代表双重本性，一方面话多、贪吃、爱小偷小摸，另一方面亲切、欢快。如果马和喜鹊一样黑白相间，那它也会很欢快，会是很好的伙伴。

拉丁文动物图鉴，阿伯丁（Aberdeen），阿伯丁大学图书馆，手抄本 24，37 页正面。

不过，这也是最繁杂的例子。动物图鉴对动物的记载十分详尽，包括本性、特征、象征意义，百科全书更甚。所以下文不可能包罗万象，也不可能详细介绍每种动物，更不可能评论所有相关说法，必须有所选择。于是，本书只研究60多种动物，它们都是中世纪动物图鉴中名副其实的“明星”。其他动物只在每章末尾集中介绍，或在图释中提一下。

本书整理自11世纪至14世纪的诸多文献，既是甄选也是概括，是中世纪的作者借笔者之笔在表达。有时直接引用，有时转述，由笔者总结中世纪作者对某种动物的阐述。[5]我特意节选了许多文本，让中世纪的作者自己发声，这是让读者正确认识动物图鉴的最佳方法，也可以让人更好地体会中世纪动物学和现今动物学的巨大差距。

▼ **燕子**（约1320—1330年）

这里的燕子看起来像喜鹊。燕子有神奇的能力，飞行中就能完成吃、喝、睡。这幅图中，它不停留在枝头也能喝雨水，意为爱上天的恩惠更胜大地的舒适。

里夏尔·德·富尼瓦尔（Richard de Fournival），《爱的动物图鉴》（*Le Bestiaire d'Amour*），巴黎，法国国家图书馆，法文手抄本15213，82页正面。

附录中可以找到所有必要的资料，包括参考书籍的详细介绍、被引作者的生平、所引文献的版本、丰富的相关书目以及书中插图来自哪些彩绘手抄本。借助图像，读者也可以形成一定的概念，知道中世纪人眼中的动物世界是什么样的。它与我们今天的认知不同，充满了符号和想象，一次次诱惑我们，令我们费解，引我们浮想联翩。

动物图鉴：文字与图像

动物图鉴的演变

彩绘手抄本

动物与书：取材

书中的动物：登堂入画

描绘动物

动物图鉴研究

n dicit gadis

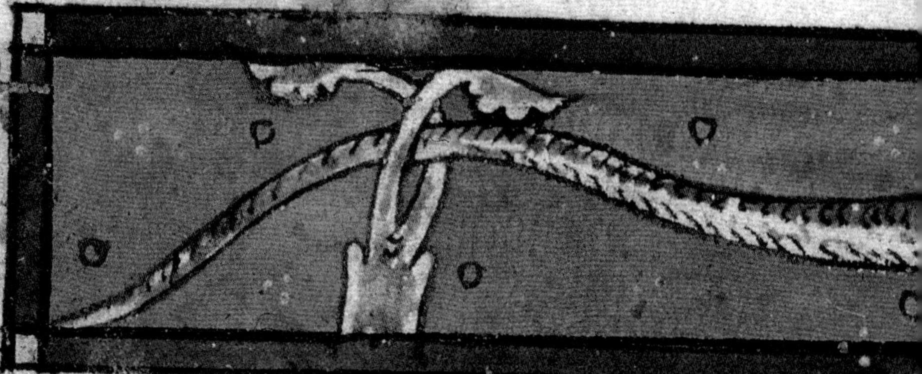

natum. Hp qui

tam fumi etve

gnes f mel deserbri; Seu tg̃d expirat spumeo

d fumdt q̃ ter labit anguis. & lucan. Tracti q

e chelidri. Hp est dictus amblat. Actum si ro

it, stratum cpat. .. Boas serpens.

as anguis italie inmesa mole pseqt̃ greges arm

ubalos & plurimo lacte riguis se ubibz inat, &

ide a boum depopulatione n accepit, Iaculus

pes uolas.

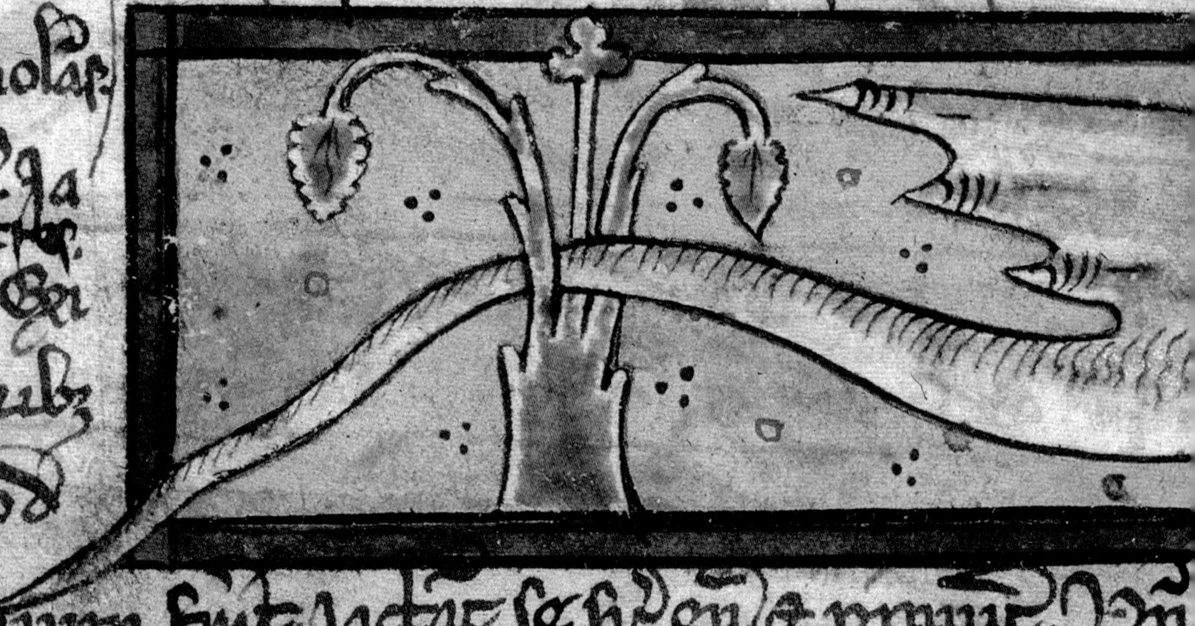

lucan. Ia

culi sic res.

tates. Ex

arboribz

quod

obuium fuit, iactat se sr eu & pimit. Vn

bubals

...ncauli d'a sunt. Hyene.

·动物图鉴：文字与图像·

△ **蛇的世界**（约1260—1270年）

蛇是可怕的生物，诡诈、有毒、如恶魔一般。村民怕蛇更甚于狼或其他野兽。龙也属于蛇，它会爬、会飞、会游，所到之处一片狼藉。

拉丁文动物图鉴，巴黎，法国国家图书馆，拉丁文手抄本3630，94页反面。

◄ **亚当命名万物**
（约1195—1200年）

中世纪重视词源，所以几乎所有动物图鉴都有这个画面，也因为重视词源而借用了词源之父塞维利亚的依西多禄（Isidore de Séville）的许多说法。

拉丁文动物图鉴，阿伯丁，阿伯丁大学图书馆，手抄本24，5页正面。

中世纪给我们留下了许多关于动物的手抄本，有寓言集、动物百科、猎犬猎鹰训练专著、兽医学作品、农牧渔手册等，但在这些方面中世纪既不是先锋也不是原创，因为这类书籍在古希腊、古罗马就有了，一度还很丰富，这也影响了中世纪的创作。但有一类书是中世纪特有的，十二三世纪在英法风靡一时，这就是“动物图鉴”（*bestiaires*）。

“动物图鉴”就是那类描述动物“特性”以得出道德伦理、宗教教诲的集子。这些特性或是真实的或是臆想的，其内容既有动物的外表、行为、习性、与其他物种和人类的关系，也有传说和迷信。比如，中世纪认为狮子睁着眼睛睡觉，于是大部分动物图鉴都说狮子是警觉的象征，说教堂门口放石狮也是这个原因；还有些将狮子比作基督，在墓中也不闭眼沉睡，而是静待复生；更有甚者将狮子比作上帝，永远注视着人间，像主祷文（Notre Père）说的那样，“救我们脱离凶恶”[①]。而猪只知道吃，不停在地里翻找食物，从不抬眼望天。猪代表罪人，只爱世间的物质享受，不愿瞻仰上帝，也不期待未来的新天地。

---

① 见《圣经·新约·马太福音》6：9。

动物图鉴对动物的描述或是出于观察，或是出于迷信，甚至只因名称或外形，通过对比、比喻、词源、相似性就得出道德、宗教的评判。从这一点上说，动物图鉴是中世纪思想的最佳反映。中世纪思想几乎都靠类比，基于两个词、两个概念、两个物体之间或多或少的相似，或某件事和某个概念之间的对应，意图将表象与隐义联系起来，尤其是将世间之物与世外永恒联系起来。一个词、一个形状、一种颜色、一个数字、一种动物、一种植物甚至一个人都可以带上象征色彩，从而代表本身之外的其他内容。对其进行解读就是要找出"物"与"非物"之间的联系，分析出生灵和事物隐藏的真相。[1]

动物图鉴研究动物首先描绘其外形，然后寻找并揭示其隐义，论述的依据包括《圣经》（动物图鉴里满是对《圣经》的引用）、基督教早期教父（Church Fathers）以及亚里士多德、老普林尼（Pline）、索利努斯（Solin）、塞尔维亚的依西多禄（Isidore de Seville）等古代权威人士的说法。所出现的每种动物都有隐义。狮子不仅代表上帝或基督，也象征权威、公正、力量、慷慨。与狮子争夺百兽之王的熊则是魔鬼的化身，象征贪吃、懒惰、易怒、淫乱等诸多恶习。狐狸也是魔鬼的化身，代表狡猾、谎言、背叛，如犹大和所有叛徒的头发一样，棕红色的皮毛就是证明。某些动物的象征意义则好坏兼有，野猪骁勇但狂躁，鹿可与基督相比却生性淫荡。公鸡面对强大许多的敌人也会保护母鸡，令人钦佩，但它也妄自尊大，虚荣可笑，而且公鸡打鸣也不总是好事，动物图鉴的作者都会提到，公鸡三次打鸣，圣彼得三次不认基督。

动物图鉴中随处可见对《圣经》的引用。《圣经》中确实常常提到动物，尤其是《旧约》。所有与《圣经》相关的故事都提到了动物，或直接提及，或是在比喻、对比中。某些有重要作用的动物在中世纪成了名副其实的"明星"，被经常书写、描绘，比如《创世记》中的蛇、诺亚方舟的乌鸦和白鸽、代替以撒被献祭的公羊、亚伦铸的金牛犊、摩西的铜蛇、巴兰的驴、被参孙撕裂的狮子、少年大卫为保护羊羔而打死的熊和狮、糟蹋上帝葡萄园的野猪、多俾亚的鱼和狗、供养以利亚的乌鸦、不伤但以理的狮子、吞下约拿的大鱼。这个名单上的名字可以再多出两三倍。《新约》中也有许多动物，首先是象征救世主的羔羊和象征圣灵的白鸽，还有耶稣诞生时的牛和驴、圣家族逃往埃及时骑的驴、耶稣进耶路撒冷时骑的驴、犹大窃取的鱼、圣彼得不认基督

时打鸣的公鸡，《启示录》还写到了四匹不同颜色的马，以及龙和其他野兽。这些动物在中世纪动物图鉴中都有直接或间接的写照。

▲ **四足兽与虫**（约1260—1270年）

中世纪动物学对某些动物的分类模棱两可。在图中所画的动物中，猫、黄鼠狼、刺猬一直被归为“四足兽”，但老鼠和鼹鼠有时像蚂蚁一样被归为“虫”。

拉丁文动物图鉴，巴黎，法国国家图书馆，拉丁文手抄本3630，85页正面。

动物图鉴的演变

动物图鉴的开山之作是2世纪末在亚历山大用希腊文写成的一本寓意性书籍，它很快被翻译成拉丁文，名为《博物论》（*Physiologus*）。这部原始之作是其他一切动物论著的源头，书中描述了四足兽、鸟、蛇等40多种动物以及几种奇石的特性，阐述了其象征意义。[2] 这本书在最初的核心内容之外又加入安波罗修（Ambroise）、奥古斯丁（Augustin）等基督教早期教父的说法，并从西方文化三大基础著作：老普林尼的《自然史》（*Histoire naturelle*，1世纪）、索利努斯的《奇物集》（*Collection de choses remarquables*，3世纪）和塞尔维亚的依西多禄的《词源》（*Étymologies*，7世纪）中选取了很多片段，还从医书中摘了一些内容，尤其是迪奥科里斯（Dioscoride，1世纪）① 和盖伦（Galien，2世纪）② 的作品。

这些内容逐渐加入，最终形成了一种特定类型的书籍，1000年时被称为"百兽之书"（*Bestiarium*）。表面上看这些书都是描述动物，但说法、分类各异，尤其是许多世纪以来在古本中加入了新内容，借用了新东西。[3] 甚至有作者将拉丁文版的《博物论》写成不同的韵文。在11世纪和12世纪的意大利，这种改写成的韵文在修道士中备受推崇。13世纪常被引用的则是亚里士多德的说法，他关于动物、繁殖、构造的文章被译成阿拉伯语的文献，由此被重新发现，其说

◄ **亚当命名万物**
（约1180—1190年）

这幅画常被放在插图动物图鉴的卷首，因为了解动物的名称并追溯词源被当作发现动物深层本性和各种特征的基本方法。

拉丁文动物图鉴，圣彼得堡，俄罗斯国家图书馆，拉丁文手抄本Q.v.V.1，5页正面。

① 佩达尼斯·迪奥科里斯（Pedanius Dioscoride，约40—90年），希腊医生、药理学家、植物学家。著有5卷本的《药物志》（*De Materia Medica*）。

② 帕加马的盖伦（Galen of Pergama，约129或131—约200或216年），罗马帝国时期的希腊医生、生理学家和研究员。被誉为"现代医学和药理学之父"。1970年法国设立"盖伦奖"，用以表彰杰出新药的发明。

法被广为借用，有时还有阿维森那（Avicenna）① 的评论，这些都逐渐融入几种动物图鉴和百科全书的文本中。[4]

拉丁文动物图鉴在整个中世纪不断丰富。依据动物图鉴所用的分类方法，引用老普林尼多还是引用依西多禄多；基督教早期教父的影响是否突出；四足兽、鸟、鱼、蛇、“怪物”皆有还是择其一二，现代学者将这些动物图鉴分为哪几大类、哪几个分支和次支，围绕这些问题形成了所谓的派系或传统。[5] 本书无意讨论这些经不起推敲的分类，由于质疑不断，有时讨论也毫无结果。

要指出的是，从加洛林王朝开始，拉丁文动物图鉴就影响并融入了其他类型的书籍，尤其是百科全书。不论篇幅大小，百科全书总要用很大一部分内容来描写动物，古代百科已然如此，后来这一部分内容越来越多，甚至喧宾夺主。

在 13 世纪的大型百科全书中，比如多明我会修道士康坦普雷的托马（Thomas de Cantimpré）于 1228—1244 年编撰的两版《事物本性》（*Liber de natura rerum*），其中描述动物的部分有时可占全书的 2/3 到 3/4。所以，今天要研究中世纪的拉丁文动物图鉴就避不开百科全书[6]，两者密不可分，尤其是百科全书的某些部分有时已可独立成书，亦称“动物图鉴”。

第一批拉丁文动物图鉴很早就被译为古德语、盎格鲁 - 撒克逊语、盎格鲁 - 诺曼语、古法语和中古法语、古诺尔斯语、中古高地德语、中古荷兰语等地方语言，更晚些还被译为托斯卡纳语、威尼斯语、加利西亚语和加泰罗尼亚语。法语的“动物图鉴”（*bestiaire*）一词第一次出现于 12 世纪初，由英国国王亨利一世宫中的诺曼系英国教士塔翁的菲利普（Philippe de Thaon）写下。他于 1121—1130 年以韵文写成一本动物图鉴，共 38 章，近一半内容是关于鸟类的。这位“科普”的先锋还写出了两本“宝石图鉴”，一本描写了许多矿物的性质，另一本极富寓意，只写了《启示录》中作为圣城新耶路撒冷城墙根基的 12 种宝石。[7]

13 世纪起，更多作者以地方语言的非韵文形式创作动物图鉴。涉猎广泛、

---

① 阿维森那（980—1037 年），波斯博物学家。被誉为“早期现代医学之父”。著有《医典》（*The Canon of Medicine*）、《治疗论》（*The Book of Healing*）等。

与德勒（Dreux）伯爵家族亲近的教士博韦的皮埃尔（Pierre de Beauvais）是最早做此事的人之一。他于13世纪初编写了一本非韵文法语动物图鉴，篇幅不大，只有38章。30多年后，他自己或模仿者又创作了一个更长的版本，有71章。他在序言中就给读者下了“动物图鉴”的定义：

> 此书名“动物图鉴”，因其论说百兽之本性。[8]

之后三四代，博韦的皮埃尔的这本动物图鉴被许多人模仿、改编、重写，最出色的便是里夏尔·德·富尼瓦尔（Richard de Fournival）的改写，取得了相当大的成功。他是知识渊博的教士，喜好藏书（他的个人藏书中许多都捐给了索邦神学院图书馆），这些书内容丰富，涉猎广泛，法语和拉丁语都有。他按前人的模式于13世纪中期写出一本动物图鉴：《爱的动物图鉴》（*Le Bestiaire d'Amour*），该书有创新性，与之前的动物图鉴都不同。他从动物特性中得出的不是道德伦理或宗教教诲，而是对爱情的论述和男子求爱的技巧：怎么追求女性、怎么占有芳心、不要犯什么错误；或者反过来：怎么抗拒魅惑、怎么对付她的善变和任性。动物的每个“特性”都被用在男女相恋之中，某些动物反复出现，将13世纪中期依然非常流行的求爱论推到极致。[9]这里仅举一例，他将心里爱慕的女子比作狼！还指出求爱时为何不可先表露心迹。他对思念的女子说：

> 若人先看见狼，而非狼先看见人，则狼的力气、胆量尽失。相反，若狼先看见人，则人失语，一言不得发。男女之爱亦如是。两情相悦时，若男子通过女子举止先知其有爱慕之心，又巧施办法令其承认，女子便失去拒绝的力量。但我心爱的人啊，我却无法耐下性子，未知你心意就吐露心声，结果你对我避而不见，拒绝了我。我先被看见了，便失了声，像遇狼一样。[10]

许多人模仿或改写里夏尔·德·富尼瓦尔的《爱的动物图鉴》，有些将其写成韵文，有些将其译为各种语言，还有些论述新的求爱法，不把女性说得那么不堪，提出不同的解释。在里夏尔的书中，女性通常轻浮善变，有时还无情而残忍，他受够了她们的任性、冷漠、不忠，抱怨爱情“一波未平一波又起”。[11]

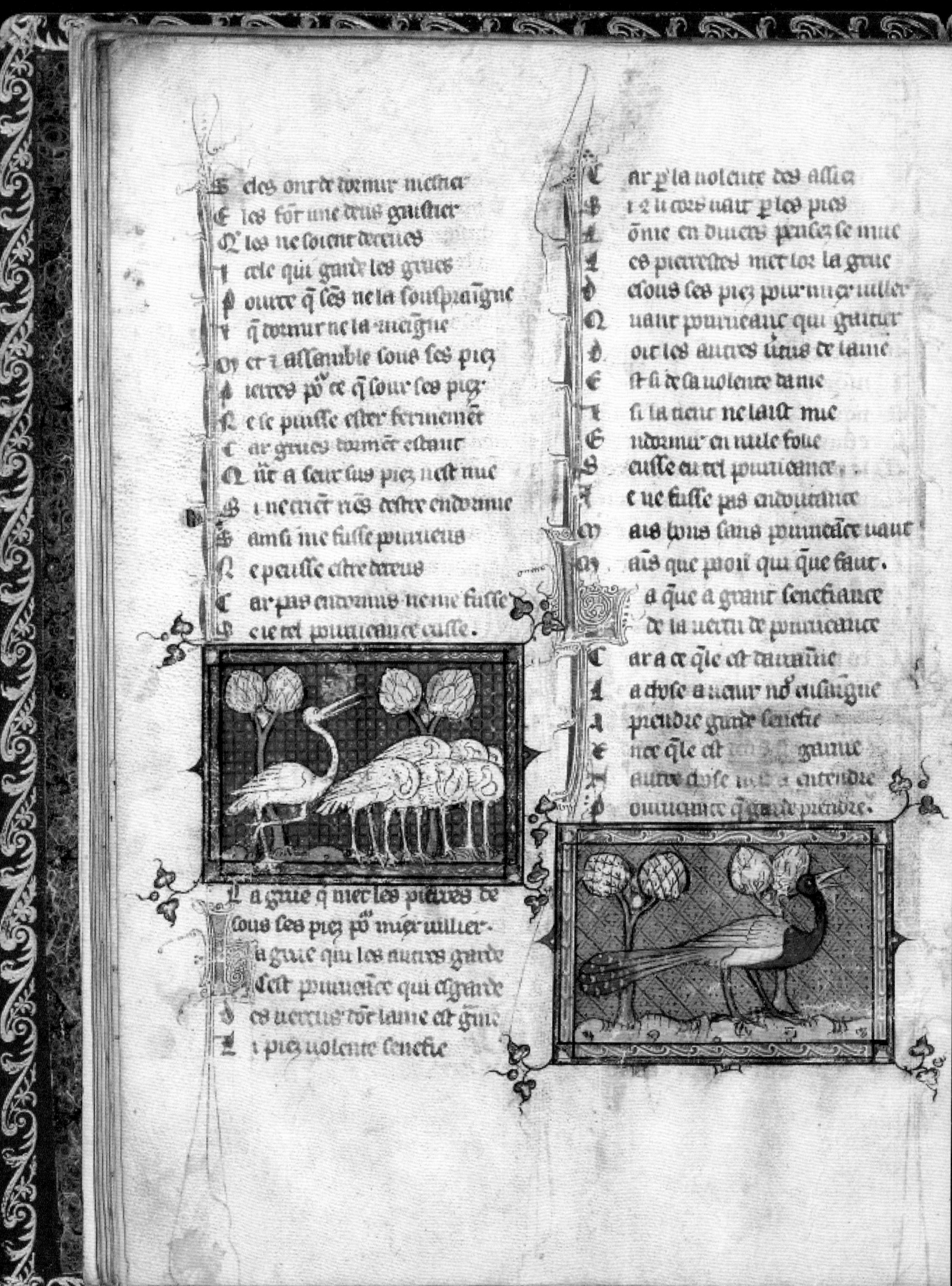

Seles ont de dormir mestier
Eles font une d'eus gaitier
Que les ne soient deceues
Icele qui garde les grues
Pource que les ne la sousprai(n)gne
Que dormir ne la mei(n)gne
Met i assemble sous ses piez
Pierres pour ce que sour ses piez
Ne se puisse ester fermement
Car grues dorment estant
Mais a seul ses piez n'est mie
Si ne crient pas d'estre endormie
Sainsi me fusse pourveus
Ne peusse estre deceus
Car pas endormis ne me fusse
Se tel pourveance eusse.

La grue qui met les pierres de
sous les piez pour miex veillier.

La grue qui les autres garde
C'est pourveance qui esgarde
Les vertus dont l'ame est garnie
Li piez volente senefie

Car par la volente des assiez
Si come li cors vait par les piez
Homme en divers pensez se mue
Les pierretes met lor la grue
Desous les piez pour miex veillier
Vaut pourveance qui gaitier
Doit les autres vertus de l'ame
Est si de la volente dame
Qui si la tient ne laist mie
Endormir en nule foie
Se eusse eu tel pourveance
Je ne fusse pas endormiance
Mais tous sans pourveance vaut
Mais que proie qui que faut.

La grue a grant senefiance
De la vertu de pourveance
Car a ce quele est daerraine
La chose a venir nos ensaigne
A prendre garde senefie
Encor quele est [illegible] garnie
Autre chose [illegible] a entendre
Pourveance que garde prendre.

Le paon qui fait le roe de sa queue.

De la chose qui estre doit
Mes la q̃ue exemple nous soit
De pourveance je le prueve
Une nature com trueve
Du lion quar q̃nt on le chace
Il sa trace o sa q̃ue la trace
Mes li veneres ne le truisse
Si que souprendre ne le puisse.

Le lyon q̃ cueuvre la trace de ses pies o sa queue.

Encor preuve exemple au lyon
Li lyons qui a discretion
Car il pourvoit si son affaire
Aucune oeuvre dont il avoit
Honte qui s'en apercevoit
Si pourvoiement le cueuvre
Mes la mis lyos q̃ saura sieuir
Dont semble sans doutance
Que vertu de pourveãce
Et la q̃ue dou paon meer

Encore q̃le est si plaine dieu
Et si grant desconvenue
Est dou paon qui a poue
Sa q̃ue dont aussi dite
Mes li lyons est a grant meschie
Mi pourveãce ma en soy
Mais se tant eusse ier en moy
Com li paons a en sa q̃ue
Me gardasse com la grue
Qui pour les grues garder veille
Si nest ce mie grãt merveille
Se force de veoir ma souspris
Et se je a dormir me pris
Car ci com iai oi retraire
Jadis une riche dame ert
Cele dame une vache avoit
Mout bele q̃le chiere avoit
Onc navint pour riens qui fust
Mes la vache emblee li fust
Pource la mist la dame e garde
A un vacher qui s'en pas garde
Li vachiers avoit nõ Argus
Qui chief avoit .c. iex ou plus
Si ocil dui et dui seulement
Tuit li autre ades veillent
Pourq̃nt si fu la vache emblee
Car Jupiter q̃ lot amee
.I. de ses fiex i envoia
Qui la vache embler li prova
Ces fiex merveilles bien chantoit

《爱的动物图鉴》手抄本共17卷，其中14卷带有插图。在这一点上，不管是拉丁文的还是地方语言的，它都忠于动物图鉴的传统：图文并茂。

彩绘手抄本

中世纪流传下来的动物图鉴、禽鸟图鉴、百科全书及残卷并未被全部研究，连编目都没有，有些甚至不知在何处。小图书馆有时藏着意想不到的宝藏，而西班牙、苏格兰、葡萄牙、斯堪的纳维亚的某些私人图书馆有多少宝藏，还需一探究竟。就目前所知，很难对彩绘手抄本在所有动物图鉴及相关手抄本中的比例有一个正确的认识，但比例肯定很高。英格兰和苏格兰公共图书馆的一项调查表明，12世纪和13世纪动物图鉴的相关手抄本中，彩绘手抄本占60%或65%左右。这很可观，相当于每3本中就有2本带彩绘，有时还很精美，插图尺寸通常也很大，至少狮子、鹰、龙等重要物种的插图很大。这是看待动物世界的新角度。

彩绘动物图鉴的创作高峰出现于12世纪末至14世纪初。1170—1180年前，动物图鉴还未和其他相近类型清楚分开，而1320—1330年后，这一类型很快式微。当然，之前之后都有动物图鉴，“动物图鉴”和“动物图鉴手抄本”已无法区分，但不管怎么叫，很多书从整体或部分来看都是“百兽之书”。上文已经说过，百科全书中描写动物的部分通常很丰富，说这不是动物图鉴就很可笑了。1100—1150年左右出现了很多“东方奇观集”，有些对动物有大量描述，也和动物图鉴一样借用了老普林尼、埃里亚努斯（Élien）、索利努斯等古代名家的说法。这些都要考虑在内。

只写一类动物的作品同样也应视作“动物图鉴”，比如“禽鸟图鉴”“鱼类图鉴”“蛇类图鉴”“怪物图鉴”。中世纪图书馆的编目就已细分，而不是笼统称为“动物图鉴”。我们借助这些目录可估计有很多作品失传，

△《爱的动物图鉴》（约1300年）
里夏尔·德·富尼瓦尔

里夏尔·德·富尼瓦尔是一位学识渊博的教士，喜爱藏书。他于1250年左右写出了一种新型动物图鉴，从动物特性中得出的不是道德伦理或宗教教诲，而是教人如何求爱。

里夏尔·德·富尼瓦尔，《爱的动物图鉴》，巴黎，法国国家图书馆，法文手抄本1951，16页反面—17页正面。

比如 13 世纪英格兰的彩绘手抄本中仅有 10% 留存至今。[12]

这些图书馆的目录很少见，通过研究目录和现存手抄本上的藏书印，我们可以更好地了解彩绘动物图鉴的受众是什么人。奢华的手抄本首先由主教和教会订购，然后是国王、王后、大公或领主。拥有一本即拥有名望，所以一定要有。普通些的手抄本则有更多样的受众，大部分是高级神职人员、教士、修道院或宗教团体。13 世纪，所有主教、教会、修道院的图书馆都必须藏有一本动物图鉴和一本百科全书，这显然与传教有关。其实不仅英国如此，欧洲大陆亦然，只是之前英国做的研究工作比其他欧洲国家多，所以形成了一种成见，以为彩绘动物图鉴为英国特有，其实不然。不过，我们在这方面的认识还很欠缺，无法给出准确数据。

有些动物图鉴含有大量彩绘，有些只有几幅。给哪些动物配图也可以说明一些问题，既有传统，也有时务。狮、龙、鸽等动物必然要配图，给某些其他动物配图则可能是订购者的要求，用以体现他的抱负或职务、家史或教团史、族徽或纹章、所尊崇的圣徒，甚至是我们无从知晓的时事。有些图像必有，一般来自《创世记》等，比如上帝创造兽、鸟、鱼，亚当命名万物。动物图鉴很重视动物的名字，因为要借用依西多禄的大部分词源说[13]，因此亚当命名万物的图很重要。

在中世纪的认知中，生灵和事物的真相通常要从其名称中寻找，弄清历史，找到来源，就能知道所指之物的真实本性，也就能更好地理解其隐义。但中世纪的词源学并非现代词源学，那时语音规律还不为人知，希腊语和拉丁语的借用关系也直到 17 世纪才弄清。动物图鉴的作者其实是在拉丁语自身中寻找拉丁词的来源，以为符号即事物，所以有些词源与我们今日对拉丁语的认识相悖。中世纪文化并不了解现代语言学家所谓的“符号任意性”，认为形式和内容之间永远有逻辑关系，搞一些在我们看来甚至经不起推敲的文字游戏。比如，“狐狸”的拉丁文为“*vulpes*”，之所以这么叫是因为它不走直线，“用脚转圈走”（*volitans pedibus*）。史学家不应嘲笑这些“假”词源，而应将其作为实实在在的文化史资料，要记住，今天在我们看来已被科学肯定的词源知识，也许几世纪之后就会贻笑大方。[14]

Cy commence le .xviii^e. livre des pro
prietes qui traite des choses sensibles
et par especial de celles dont lescrip
ture fait mencion .

Puis que le traittie est
acomply qui traitte de
laournement de la tre
quant es choses qui ys
sent de terre desquelles
la divine escripture

动物与书：取材

现在我们来研究一下手抄本的材料和插图。中世纪动物图鉴之所以赫赫有名，更多是因为彩绘而非文字，但两者显然不能截然分开，它们是一个整体，共同构成手抄本，史学家不应分开对待。

手抄本的文字和绘画中有动物，抄写员和画师所用的各种材料也来自动物，并随时间的推移而越来越多样，这提醒着研究中世纪的史学家，物质、日常中的动物与精神、宗教、象征中的动物密不可分。下面我们仔细研究一下中世纪动物图鉴用来抄写文字、绘制插图的材料。

当时制书主要用羊皮纸。从4—5世纪莎草纸消亡起，到14世纪纸张出现并传播之前，羊皮纸和牛皮纸是唯一承载文字和图画的材料。以绵羊皮制成的较多，采用山羊皮和小牛皮的较少。动物越年幼，皮质越好，价格也越贵。制作一本中等篇幅的书需要50—100只羊。用于书写和绘画之前还要经过漫长而细致的处理。首先将皮剥下，清洗、干燥、除去粘连的肉和毛、浸洗多次、沥干，放置几日，然后撑在木架上固定住，刮去剩余的肉、脂肪和皮毛，最后涂上白垩或石灰，用浮石打磨，与另一张皮相互摩擦，再拉伸、压平。

抄写员和画师不仅用动物皮，还用许多其他动物材料，比如用于制笔的鹅毛、鸭毛、天鹅毛、白鹭毛、乌鸦毛，用于制作墨盒的牛角，用于制作盒子的贝壳，用于制作琴颈的

◂ “英格兰人”巴塞洛缪斯的百科全书（约1410—1415年）

13世纪的大型拉丁文百科全书往往会用许多章节描写动物，文字接近动物图鉴。“英格兰人”巴塞洛缪斯的这本百科全书流传最广。1372年，让·科尔伯雄受法国国王查理五世之命，将其译为法语。

“英格兰人”巴塞洛缪斯，《事物特性》（让·科尔伯雄译本），巴黎，法国国家图书馆，法文手抄本22531，324页正面。

骨头或象牙，用于制作细刷笔的松鼠毛、河狸毛、貂毛、獾毛，用于制作粗刷笔的牛耳毛，用于制作刷子的猪鬃或野猪鬃，用于抛光金底的狼牙，用于磨光彩绘页的兔脚。

► **龙**（约1260—1270年）

中世纪认为龙真实存在，但其外形不定，有时两爪，有时四爪，有时无爪。通常长有翅膀，但也有些没有翅膀。身上有时有鳞，但并不普遍。头可大可小，有的只生一头，有的生多头，有的吐出分叉的舌头，有的喷着火焰。

拉丁文动物图鉴，巴黎，法国国家图书馆，拉丁文手抄本3630，94页正面。

用于制作书页、画线、贴金、书写、描轮廓、着色、上漆、抛光、粘贴、保护的材料也都取自动物。画师用的颜料基本取自矿物或植物，但也有些红色颜料取自动物，比如绛蚧红（kermès）。这种颜料产自欧洲和地中海的东部，是将一种寄生在栎树上的昆虫碾碎所得，而且只有雌性才带颜色，耗费许多虫子才能制成一点儿颜料，所以价格昂贵，经常以更便宜的植物或矿物颜料代替。中世纪不知道这是一种昆虫，还以为是浆果，类似谷粒，所以又称这种颜料为“graine”（拉丁文为“*grana*、*granum*”，意为“谷粒”）。另外，古典时代制备绛紫颜料的方法在中世纪早期就失传了，但一千年后，拜占庭和意大利南部也会从地中海的某些软体动物中提取汁液作为色调偏紫的红色颜料。画师以此表现紫红等漂亮的红色调。最后，没食子（noix de galle，某些树叶被虫咬之后产生的虫瘿）可用于制作黑色颜料和墨水，焚烧并研碎的牛骨等家畜骨头也可做黑色颜料。

要让颜料附着在羊皮纸上，又能叠加层层颜色，黏合剂必不可少。和颜料不同，黏合剂几乎都来自动物，比如奶、酪蛋白、蛋白、蜡、蜂蜜、脂肪、油、尿（酸性特别高的驴尿很受欢迎），还有各种体液和粪便。抄写员和画师大量使用的胶和漆大部分也由鱼刺、鹿角、兔皮、猪骨制成。最后，装帧和封皮也和内页一样需要用到很多动物材料，不仅有皮革，还有涂在上面的蜡、用来装订的肠衣、制作保护面的羊毛和丝绸。书里书外，动物材料无处不在，这本身就是重要的历史文献。

尽管中世纪象征体系一直认为动物没有植物、矿物洁净而且更危险，但无论在彩绘动物图鉴还是在其他种类的书中，

[enor]mi in qua corpulentia necat. Extuberatum enim putredo sequitur. Spectaficus aspis qui dum momorderit hominem statim eum consumit ita ut liquescat totus in ore serpentis. Cerastes aspis dictus eo quod in capite cornua habeat similia arietum; ceratas enim Greci cornua vocant. Sunt autem illi quadrigemina cornicula quorum ostentatione veluti esca illiciens sollicitata animalia perimit. Totum enim corpus tegit arenis, nec ullum indicium sui prebet nisi ea parte qua invitatas aves vel animalia capit. Est autem flexuosus plusquam alie serpentes ita ut spinam habere non videatur. De aspide per psalmistam dicitur quod obturat aures suas ne audiat vocem incantantis. Tales sunt homines quidam huius seculi qui in desideriis terrenis aurem deprimunt, aliam vero de peccatis premunt, ne audiant vocem Domini dicentis: Qui non renuntiaverit omnibus que possidet non potest meus esse discipulus. Ut autem sciamus, hoc quoque solum aspides faciunt ut aures obturent; isti vero et oculos suos excecant ut non videant celum neque recordentur opera Dei. Scitalis. Capitulum.

Scitalis serpens vocata quod tantum prefulgat tergi varietate ut notarum gratia aspicientes retardet; et quia reptando pigrior est, quos assequi non valet miraculo sui stupentes capit. Tanti autem fervoris est ut et hiemis tempore exuvias corporis ferventes exponat. De qua Lucanus: Et scitalis sparsis etiam nunc sola pruinis exuvias positura suas. Anfivena. Capitulum.

Anfivena dicta eo quod duo capita habeat, unum in loco suo, alterum in cauda, currens ex utroque capite tractu corporis circulato. Hec sola serpentium frigori se committit, prima omnium procedens. De qua idem Lucanus: Et gravis in geminum surgens caput anfivena. Cuius oculi lucent veluti lucerne. Ydrus. Ut ydra dicta ab aqua, grece enim aqua ydra. [...] Ydra draco multorum capitum est.

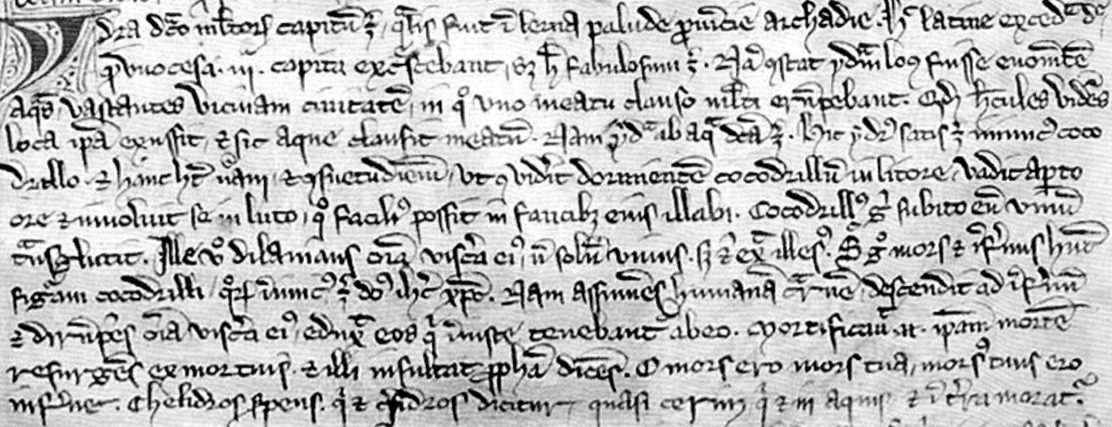

Ydrus coluber in aqua vivens, nascens in Nilo flumine. Greci enim aquam ydor vocant. Ydros aquatilis serpens, a quo icti obturgescunt. Cuius quidam morbum boam dicunt, eo quod fimo bovis remedietur.

Ydra draco multorum capitum, qualis fuit in Lerna palude provincie Archadie. Hic latine excedra dicitur, quod uno ceso tria capita excrescebant. Sed hoc fabulosum est. Nam constat ydram locum fuisse evomentem aquas vastantes vicinam civitatem, in quo uno meatu clauso multi erumpebant. Quod Hercules videns loca ipsa exussit, et sic aque clausit meatus. Nam ydra ab aqua dicta est. Hic ydrus satis est inimicus cocodrillo, et hanc habet naturam et consuetudinem, ut quando viderit dormientem cocodrillum in litore, vadit et pro ore immolvit se in luto, quo facilius possit in faucibus eius illabi. Cocodrillus igitur subito eum vivum transglutiat. Ille vero dilanians omnia viscera eius non solum vivus sed et exit illesus. Sic ergo mors et infernus habent figuram cocodrilli, qui inimicus est domini nostri Ihesu Christi. Nam assumens humanam carnem descendit ad infernum et dirumpens omnia viscera eius eduxit eos qui iniuste tenebantur ab eo. Mortificavit enim ipsam mortem resurgens ex mortuis, et illi insultat propheta dicens: O mors ero mors tua, morsus tuus ero inferne. Chelidros serpens qui et chersidros dicitur, qui et in aquis et in terra moratur.

Cocodrillus vero [...] inimicus est bubalo, et bubalus ipsi [...]

乃至圣经、福音书、圣诗集、祈祷书等基督教圣典中，动物材料都无处不在，与植物、矿物材料并驾齐驱。动物材料也分高低贵贱，鹿皮就比牛皮、猪皮更适合做封面，正如上文所说，鹿是一种堪比基督的动物。至12世纪，设有抄写室（*scriptorium*）的修道院有时会设法把周围森林里所有死鹿的皮都弄来。下面就是一例。约纳斯·德·博比奥（Jonas de Bobbio）①于7世纪为高卢修道士圣高隆邦（St. Colomban）作传时写道：

> 一天，喜欢僻静之处的圣人走进灌木丛中，发现一具鹿尸，先前为狼所杀，有一只巨熊正要食其肉。高隆邦上前，要求熊只吃肉，不要损坏皮，因为他非常需要这皮，要用来包书制履。熊听从了。圣人返回修道院后命修道士前去，等熊吃完就将鹿皮带回。[15]

书中的动物：登堂入画

如上文所述，中世纪有许多关于动物的文章。有动物出现的插图也很多，但动物在其中通常都是次要的，只是中世纪早期圣经、福音书、圣人传记的装饰。12世纪出现了第一批经典的彩绘动物图鉴，动物成为图像的主题，不再只是配角，不再只是为表明人物、地点、行为，动物本身就是要表现之物。这是中世纪表现体系的一次重大转折。动物，这不完美的造物，终于和人一样独立入画。当然，这时只是一些笼统的物种，单独表现、有名有姓的动物还需等到13世纪。[16]迈出这一步之后，渐渐地，不仅动物独立入画，植物、矿物也都开始被当作表现对象，然后还有风景。

动物在图鉴中成为主题，在雕塑中也成为独立的表现对象。12世纪中期以前，动物雕塑或从属于某场景，或为说明某圣贤的品性。1160年起才有专门表现动物的雕塑，主题就是动物本身，别无其他。动物登堂入室。最古老的例子是不伦瑞克（Brunswick）②大教堂前的铜狮。这是1166年萨克

① 约纳斯·德·博比奥（600—659年），修道士、圣徒传记作家。其最有名的作品是《圣高隆邦传》（*Life of Saint Columbanus*）。

② 不伦瑞克是德国下萨克森州东部的一个城市。

森公爵“狮子”亨利（Henri le Lion）[①]下令修造的，既是他个人及韦尔夫家族（Guelfes）的标志，也是其权力的象征。古罗马覆灭后第一次在露天公共广场上立起大家都能看见的动物雕像，并且主题只是动物。长久以来，教会一直反对这种做法，认为这是偶像崇拜的残余，不过到12世纪后半期就不再反对了。这是重要的转折。不管雕塑还是图鉴，或是之后的彩绘玻璃和壁画，动物终于独立入画，并将一直如此。

并不是所有的动物图鉴都有彩绘，但带彩绘的很多，插图也有很重要的作用。12—13世纪的英国动物图鉴中，超过3/4是彩绘本。每种动物成一章，每章通常有一幅图。狮、熊、鹰、独角兽、龙等重要动物有整页图，有时分为小块；鹿、野猪、狼、马和某些家畜则有较大的图；其他动物，如大部分鸟、鱼、蛇、虫都只有小幅图，甚至只是小圆章样的图。

这并非随意而为，而是表现出了渗透着整个中世纪文化的等级关系和价值体系。中世纪文化认为，动物和所有生物一样都有灵魂，来自上帝的生命之气，死后会回归上帝。有些动物只有植物性、感受性的灵魂，只知道吃、生长、繁殖，能感受外界，而另一些所谓“高级”的动物则具备“智慧”的灵魂，和人类接近。有些作者说动物会做梦，能识物，能推演，有记忆，能获得新的知识和习惯。问题在于，这些动物能像人一样思索，有灵性吗？大部分神学家都持否定答案，而某些动物图鉴作者则相反。

我们回到绘画上来。彩绘手抄本中，每幅画的大小、位置（卷首、书中、末尾）、绘画水平、分隔、与其他部分的关系都有强烈的象征意义，取决于所表现的动物。这当然有艺术和手抄本制作方面的考虑，但也反映出等级和象征性。哪一页放哪个动物，哪个动物在哪一动物之后但在其他之前，用整页插图还是用装饰花字、圆章，画大还是画小，放在某情景中还是画成“肖像”，请画室的大师画还是让他的助手画，这些都是思想观念的反映，史学家应该多加研究。

▽ **三种恐怖的动物：龙、锯鳐、蝰蛇**（约1260—1280年）

图中这种半鱼半鸟的恐怖动物叫作“锯鳐”，它喜欢把船只顶到半空，远离目的地，累了就让船砸落在岩石上摔个粉碎。

拉丁文动物图鉴，伦敦，大英图书馆，斯隆手抄本278，50页反面—51页正面。

① “狮子”亨利（1129或1131—1195年），他是德国传统贵族世家韦尔夫家族成员，萨克森公爵（1142—1180年在位）、巴伐利亚公爵（1156—1180年在位），是当时最有权势的德国贵族之一。

fratem et bibit. Sunt autem ibidem virge vitice subtiles et molles. Incipit autem et illud animal ludere cum virgis illis et alludendo obligat semetipsum cornu. obligatisque ambobus cornibus vociferat cum rugitu quia evadere non potest gracilibus virgis circumseptus. et tunc qualiter venator absconse audiens vocem eius currit et ligatum inveniens occidit. De qua re tu profitearis abstinentiam confisus cornibus tuis abscidisti forte detractiones. libidines. cupiditates. siluam secularem et pompam diaboli. Congaudent tibi angelice virtutes. duo cornua duo sunt testamenta. Sed noli ludere cum vino in quo est luxuria. Nec te obliges ut incidas in muscipulam adversarii qui te videns obseptum vitio occidat. Vir autem sapiens et prudens a vino et muliere se avertat. Sunt autem duo lapides ignari masculus et femina. Tu ergo professor intellige multos perisse propter vinum et feminas. et cautus esto ut salvus fias.

lacerta . de lacerta

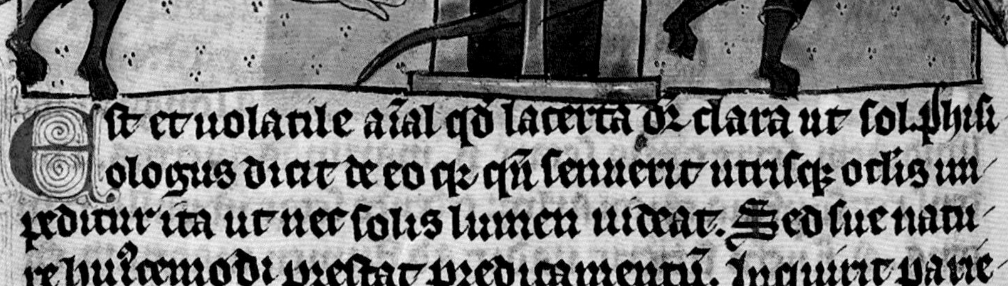

Est et volatile animal quod lacerta dicitur clara ut sol. Phisiologus dicit de eo quia cum senuerit utrisque oculis impeditur ita ut nec solis lumen videat. Sed sue nature huiusmodi prestat predicamentum. Inquirit parie

cte attendente contra orientem solis et per foramen exeunte
et apertis oculis renovatur. Sic et tu homo qui veteri tu-
nica indutus es, quando oculi tui cordis caligentur, quere lo-
cum intelligibilem orientem versum, ad solem iusticie Christum
dominum nostrum te converte, cuius nomen oriens dicitur, quatinus ori-
atur in corde tuo per spiritum et lucem misericordie sue et ostendat qui
illuminat omnem hominem venientem in hunc mundum. Serra

·no·

Est et animal in mari quod dicitur serra, spinas habens per se longio-
res, et cum viderit naves velificantes, enatat ad eas, eri-
gensque pennas et caudam velificat sicut navis, et contendit e con-
trario. Cum autem diu fecerit talia, pennas ad se et lassitudine et un-
da revocat in pristinum locum. Mare itaque significat hunc mun-
dum, et apostolos qui transierunt hunc mundum et vicerunt adversarias po-
testates aeris huius. Serra vero qui non potuit perseverare cum navibus
significat eos qui temporaliter perficiuntur abstinentia, sed non perseve-
rant usque in finem cum sanctis qui ad portum celestis patrie mare victo per-
venerunt.

Vipera

pennas · sicut · columbe · volabo · et requiescam

Color argenteus in pennis: est in linguis docentium sermo sancte exhortationis.

Color aureus in posterioribus: est in futuro eterne retributionis munus.

Replicata · in pace.

Desiderium · Amor · Spes · Timor

Elongavi · in contemplatione

Color aereus in alis: est amor divine contemplationis.

Color maris in reliquo corpore tribulationem designat carnaliter mente.

fugiens · mundi · mansi in · solitudine

在此研究中，图像和文字的关系是最重要也是最有成果的领域。图像不能什么都说，也不能什么都画，要选择、分级、压缩、合并，有时还要添加或编造一些内容。比如，写狮子的章节通常最长，作者会仔细描写各种“特性”，联系《圣经》的某些章节，从中得出宗教和道德的教诲，并说明为何狮子是百兽之王（12 世纪前并不把狮子当作百兽之王，那时熊是百兽之王）。这一章通常会有好几页，而且会配整页图，不会只配几幅小图，会表现两三个最富教育意义的“特性”。这时彩绘师就要做出选择，有些内容舍弃，有些压缩，将页面分隔，这是通常的情况。有时也将不同的性质、特征、行为、传说、迷信融进一个场景，这其实是一种综合，是求意合而舍字眼。

描绘动物

我们来看一下如何描绘动物的问题。首先是“真实”。虎、鳄鱼、变色龙、长颈鹿等动物生活在远离西欧的地方，画中的外形、颜色有时离实际很远。但我们可能想不到的是，不只异域物种不合实际，本土动物也会，尤其是那些在图像和象征体系中地位高、经常被描绘的物种。绘画者不会按照实际外观画，而是按照自己的习惯画，不求逼真，更不会“写生”，只画一些他们认为属于此动物的特征。比如，有鬃毛和尾巴就是雄狮，有彩色斑点就是豹，有獠牙、背上长刺就是野猪，有鸡冠和嗉囊就是公鸡，长鼻、长牙、背上有时还驮着塔的就是大象。母狮没有鬃毛，母鸡没有公鸡那么大的鸡冠和嗉囊，家猪没有獠牙，这样就不会混淆公母，野生或家养。外形符不符合实际不重要，重要的是其特征，这是其身份的标志，约定俗成，无所谓真不真实。

◄ **鸽子的特性和美德**
（约 1280—1290 年）

鸽子是一种纯洁而神圣的鸟，有许多优点。动物图鉴喜欢详细描写其身体的各个部分和各种颜色，并赋予每部分一种美德，比如知耻、温柔、忠诚、朴实、纯真、谨慎、谦逊等。这幅图很复杂，是想表现丰富的内容。

富伊瓦的于格，《禽鸟图鉴》，康布雷（Cambrai），市立图书馆，手抄本 259，192 页正面。

好些特征并不来自物种的“真实”模样，而来自动物图鉴所说的“本性”。在中世纪，文化总先于博物。比如，没有任何外形、色彩的细节能区分鹤和鸵鸟，也没有任何画师会极精细地画出羽、喙、爪以区分二者。当然这也毫无必要，因为仅靠两个特征就能区分它们：爪子抓着石子的是鹤，嘴里衔着钉子或马蹄铁的是鸵鸟。动物图鉴和百科全书承袭老普林尼和依西多禄的说法，认为鸵鸟的胃能消化一切，包括铁器，而鹤晚上要为睡着的同伴站岗，所以抓着重石，如果睡着，石头会落下把它砸醒。乌鸦和白鸽也很相似，不过区分起来更简单。它们会同时出现在某些地方，比如诺亚方舟漂在大洪水上的画面。其大小和外形都很相近，不足以区分，要靠羽毛的颜色来分辨，黑色的是乌鸦，白色的是鸽子。这是一种规则，不是写实。

另一些看似写实的特征其实也是约定俗成的。比如，松鼠在造型和意义上都和猴子相近（14 世纪的多篇德文文章甚至直接称其为“林猴”[singe de la forêt]），只有通过耳朵和前爪捧着的榛子才能知道是松鼠。狗、狼、狐亦然，区分狗、狼的不是外形，而是狗戴着的项圈，区分狼和狐的则是毛色，黑、灰、深色的是狼，棕、红色的是狐狸。这些规则有符合实际的地方，有真实性。

有时我们看到的是“特征链”，要在第二环或第三环才能确定是什么动物。比如，单独的猫很难辨认，有时画成正面，像豹子或其他猫科动物；有时画成侧面，像松鼠或猴子，一样的坐姿，一样抬起尾巴，一样前爪捧着圆形物（松鼠捧榛子，猴子捧苹果，猫捧球）。让我们能认出这是猫的不是这不清不楚的圆球，而是经常就在不远处的老鼠。但老鼠也很少画得逼真，又要怎么认出是老鼠呢？靠它拿着或准备拿的奶酪。有奶酪说明是老鼠，有老鼠说明是猫。

彩绘师靠细节来制造差别，也会故意造成混淆。比如，在中世纪价值体系里相差甚远的驴和马。马有厚厚的鬃毛，耳、尾较短，驴没有浓密的鬃毛，耳、尾很长。彩绘动物图鉴从来不会混淆二者，但在某些传说故事的配图中，驴被加上鬃毛一样的东西，耳和尾被故意缩短，变成了马。相反，把马的耳和尾拉长，把鬃毛画小，就会让它更像一头驴，以此贬低马的主人或骑马者，他可能是主人公的对手、不忠诚的骑士、撒拉逊人或其他负面人物。

动物有其特征，和人一样。但遗憾的是，图像专家至今对此研究甚少。这些特征除了能帮助我们分辨画中的动物、了解其大概主题，还能让史学家颇有成效地以动物世界比拟人类社会。12世纪，动物和人在图像中的特征越来越多，越来越精确，直至形成一个完整的表现体系；也是在这一时期，社会“标志”越来越多，教名多样，姓氏出现，族徽诞生，着装有了规矩，等级、职业、地位的标志也越来越多，一看就知道和谁打交道。这些标志将人分成一个个群体，而这些群体又组成了社会。图像中的标志和社会中的标志同时丰富，这并非偶然。彩绘动物图鉴本身就是一份珍贵的证据。

不过，虽然动物的特征及表现规则越来越多，但有些动物依然很难分辨，只能依赖文字。牛和羊就经常混淆，尤其是没有角或角不明显的时候，看起来就是一种四足兽，没有区别。

要分清母绵羊和牛犊也不容易，分清牛犊和狗崽甚至也很难。许多鸟也很难分辨。对彩绘师而言，画成鸟的样子就可以，有翅膀、羽毛、喙足矣，不必准确表现种类。只有几种鸟在多数动物图鉴中具有一贯特征，可以分辨。比如，黑色羽毛的是乌鸦，绿色羽毛的是鹦鹉，喙像钩子一样的是鹰，脖子又长又弯的是天鹅，有鸡冠和嗉囊的是公鸡，尾巴华丽无比的是孔雀，有奇特脑袋的是猫头鹰。还有上文提过的，抓着石子的是鹤，叼着马蹄铁的是鸵鸟。

特征是外形细节被忽略的首要原因，还有一个原因是构图。正或侧、近或远、姿态和位置、节奏和分布都可用来分辨。区分公牛和母牛的不是外观，也不是大小，犄角和睾丸的作用也不大，真正的区别在于：头画成正面的是公牛，头画成侧面的是母牛。同样，对于狮和豹，头画成侧面的通常是狮子，头画成正面的就是豹子，它经常被认为是“坏狮子”。鹰和隼很相似，但直着向上飞的是鹰，斜着飞的通常是隼。这样的例子还有很多。

有些动物不易分辨，有些动物则全无定形，在各个手抄本里都不一样。龙就是最好的例子。动物图鉴认为它真实存在，不过它时而两爪，时而四爪，通常有翅膀，有时也没翅膀，有时有鳞，有时没有鳞，头可大可小，可多可少，可以吐舌头也可以喷火。动物图鉴中，外形多变正好可用来做各种表现，这里变一下，那里多一点儿都可以。

鳄鱼也一样，它就是一种特殊的龙，只有蛇尾是固定特征，其他部分各式各样：两爪、四爪、无爪；尖耳、无耳；鳞片清晰或潦草，甚至没有；长着野猪的獠牙一样的两根大獠牙或蝎狮的牙齿一样的三排牙，又或者只有很

◄ **圣安东尼和半人马**

（约 1480—1485 年）

中世纪的半人马是上身为人，下身为马的怪物，手中通常有武器，一般是大头棒，不是弓。在沙漠中隐修的圣安东尼（saint Antoine）被各种凶猛的野兽和怪物袭击，他把它们一一击败，令其退却或将其驯服。

这幅画表现了埃及的沙漠，前景中的半人马、河里的龙、中景的野人都是怪物。左边远景中有修道士圣保罗（saint Paul Ermite），他正在用面包喂一只乌鸦。

《博物之秘——世界奇观》（*Les Secrets de l'histoire naturelle*），巴黎，法国国家图书馆，法文手抄本 22971，16 页反面。

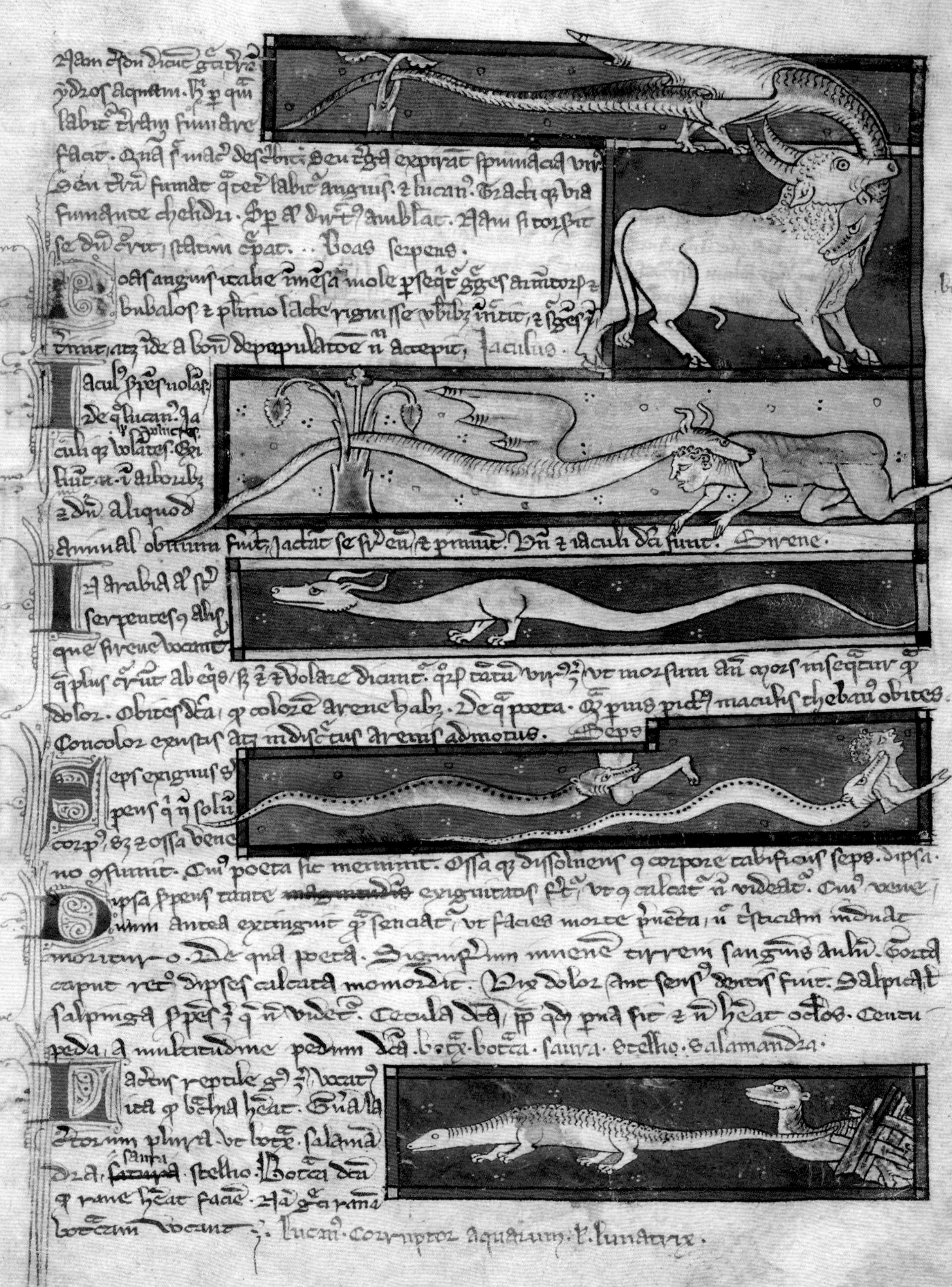

Chersos dicunt Greci terram, ydros aquam. Hic per quem labitur terram fumare facit. Quem sic Macer describit: Seu terga expirat spumantia, virus seu terra fumat qua teter labitur anguis. Et Lucanus: Tractique via fumante chelidri. Hic per directum ambulat. Nam si torserit se dum currit, statim crepat. Boas serpens.

Boas anguis Italie immensa mole persequitur greges armentorum et bubalos, et plurimo lacte riguis se uberibus innectit, et sugens interimit, atque inde a boum depopulatione nomen accepit. Iaculus.

Iaculus serpens volans. De quo Lucanus: Iaculique volucres. Exiliunt enim in arbores, et dum aliquod animal obvium fuerit, iactat se super eum et perimit. Unde et iaculi dicti sunt. Sirene.

In Arabia autem sunt serpentes cum alis, que sirene vocantur, que plus currunt quam equi, sed et etiam volare dicuntur; quarum tantum virus est, ut morsum ante mors insequatur quam dolor. Obites dicta, quod colore arene habet. De qua poeta: Et primus pictus maculis Thebanus obites, Concolor exustis atque indiscretus arenis. Seps.

Seps exiguus serpens, qui non solum corpus sed et ossa veneno consumit. Cuius poeta sic meminit: Ossaque dissolvens cum corpore tabificus seps. Dipsa.

Dipsa serpens tante exiguitatis fertur, ut cum calcatur non videatur. Cuius venenum ante extinguit quam sentiatur, ut facies morte preventa nec tristitiam induat morituri. De qua poeta: Signiferi iuvenis Tirreni sanguinis Auli torta caput retro dipsas calcata momordit. Vix dolor aut sensus dentis fuit. Salpiga serpens est que non videtur. Cecula dicta, quod parva sit et non habeat oculos. Centupeda, a multitudine pedum dicta. Boa. Bothrax. Botta. Saura. Stellio. Salamandra.

Lacertus reptile genus est, vocatum ita quod brachia habeat. Genera lacertorum plura, ut botrax, salamandra, saura, stellio. Botrax dicta quod rane habeat faciem. Nam Greci ranam botracin vocant. Lucanus: Corruptor aquarum vel lunatrix.

小的牙，甚至不长牙而有巨大脊突。拉丁文动物图鉴经常拿“鳄鱼”（*crocodilus*）和“黄色”（*croceus*）做文字游戏，但它在书中的颜色其实也多变。动物图鉴中很少有黄色的鳄鱼，更多是绿、褐、红、灰，带斑点或带条纹、杂色。

和龙、鳄鱼一样，其他杂合怪物也无定形，有些都不能称为“物种”，不看文字很难说应该叫什么。以下几种还比较容易辨认：半鹰半狮的狮鹫（griffon）、半人半鸟或半人半鱼的塞壬(sirène)、半人马(centaure)、射手人马(sagittaire)、鸡身蛇尾的众蛇之王巴西利斯克（basilic）。这些都继承自古典文化。独角兽（licorne）也是，它可能是中世纪动物图鉴中最杂合、最多变的动物。前 5 世纪的希腊医生科特西亚斯（Ctésias）① 就已描述过独角兽，前额有长角，身似马、驴、鹿或山羊，头似马头或山羊头，蹄似公牛蹄或鹿蹄，尾似驴尾或狮尾，时而有毛，时而无毛，通常长着短山羊胡，有时还有马鬃一样的鬃毛。

动物图鉴研究

长久以来，史学家几乎不关注动物，认为这是“小史”，不值一做。所有他们觉得是逸闻琐事的内容都被这样对待。只有几个文献学家和宗教史学家关注过涉及特定动物的文献，但为动物著书立说依然不可想象。[17] 幸好，今天情况已有所改变。感谢以罗贝尔·德洛尔[18]（Robert Delort）② 为首的几位先锋史学家所做的工作，也多亏史学家与人类学、人种学、语言学、动物学等其他领域的研究者越来越频繁的合

◄ 恐怖的龙与蛇
（约 1260—1270 年）

拉丁文动物图鉴，巴黎，法国国家图书馆，拉丁文手抄本 3630，94 页正面。

① 尼多斯的科特西亚斯（Ctésias of Cnidus），生活于前 5 世纪的希腊医生、历史学家。在所著的 23 本书中，他写了很多关于河流以及印度、亚述和波斯的历史。

② 罗贝尔·德洛尔（1932— ），法国历史学家、中世纪史专家，专门研究威尼斯共和国史、经济史和环境史。他对人和动物间关系的历史特别感兴趣。

作，动物终于成为完全的历史研究对象，对它的研究有时甚至位于前沿，是好几门学科的交叉。社会史、经济史、物质史、文化史、宗教史、符号史的所有伟大文献都涉及动物，要考察它与人的关系。动物无处不在，每时每地都有，而它也向史学家提出许多重要而复杂的问题。

中世纪动物图鉴长期被漠视，是因为史学家对一切有关动物的内容都不感兴趣。19 世纪后半叶，几位文学史学家和圣徒传记、宗教图像专家想引起大家对动物图鉴的注意，呼吁对动物图鉴进行科学研究，像对待所有其他现存中世纪文本一样，但无人响应。[19] 无知导致蔑视，在实证主义时期，讥笑动物图鉴中的说法成了动物学史学家最爱做的事之一。科普作者也紧随其后。1897 年，阿尔弗雷德·富兰克林（Alfred Franklin）① 在一本面向大众的书《从前的生活：动物》（*La Vie d'autrefois: les animaux*）中写道：

> 神学精神统治中世纪，扼杀了思想。著书者自认为是动物学家，但通常只是受困于教条的玄学家，是被神秘遐想的虚假幻象吸引的静修者。在他们的笔下，我们会看到动物成了各种美德和恶习的代表，成了道德说教和宗教寓意的幌子，成了教条的热烈拥护者，其实动物们根本不关心这些教条……作者们留给后代一笔丰富的遗产：伟大的楷模、滑稽的寓言、巧妙的虚构，这些被百科全书和诗人一再重复，好几个世纪以来，人们天真地深信不疑。[20]

这体现了无以复加的严厉、轻蔑、反教会，也是以今度古，错得不能再错了。富兰克林以给中世纪动物图鉴“挑错”为乐，将其中对某动物的说法与 19 世纪乔治·居维叶等人的动物学说做比较。[21] 但这些学说也会过时，对今天的动物学家而言，富兰克林的说法和中世纪的说法一样荒谬。以现在衡量过去是错误的，历史不能这样写。

十几年来，某些科学史家掉进了“以今度古”的陷阱，不愿在中世纪文化，甚至古典文化中研究中世纪动物图鉴的说法，而要将其与当代科学知识相比较，或嘲笑某个作者的说法，或写出如下的文字（摘自一本经常被引用的动物学史，出自两个最著名的科学史家之手）：

---

① 阿尔弗雷德·富兰克林（1830—1917 年），法国的图书馆员、历史学家和作家。代表作是《从前的生活》系列（1887—1900 年）。

▲ **埃塞俄比亚及其怪物**（约 1480—1485 年）

动物图鉴和百科全书都把埃塞俄比亚描绘成一个神奇的国度，有独角兽、大象等神兽，也有龙、蛇、豹等恶兽，还有叫不上名的物种和奇形怪状的人，一种人只有一只巨大的脚，另一种人没有头，还有一种人脸长在胸口。

《博物之秘——世界奇观》，巴黎，法国国家图书馆，法语手抄本 22971，20 页正面。

> 中世纪是一个没落而毫无成果的时期，尤其从科学上说。在动物学方面，中世纪保留了大部分荒唐的古代寓言，自己还生造出一些，完全不懂得实证观察……动物图鉴胡说一气，清楚地体现出作者、阅读者、传播者的轻信盲从……我们不会坚持这种来自民俗而非科学的学说。[22]

这样的话并非写于1850年或1880年，而是1962年，实在不应出自史学家之口。这些话表明说话者根本没有理解“历史”为何物。不能以现今的见解、价值、知识去理解过去，尤其是久远的过去，更不应评判。在思想史和文化史的范畴内，“科学正确”不仅可憎，也是许多混淆、错误、荒谬的源头。

如上文所述，将现代动物学分类全面应用于中世纪动物学，或十分细致又滑稽可笑地纠正中世纪的作者，写出其未能看到的动物学“真相”，都是以今度古。想从动物图鉴作者对各种怪兽的描述中、从罗曼雕塑家或哥特彩绘师对某种杂合怪物的表现中找到消失了几万年的史前动物，更是完全徒劳。

科学史家通常会避免以今天的知识论断过去，但为什么一牵涉到动物就禁不住要这样做？为什么一说到动物就把所有历史研究都必须牢记的文化相对性放到了一边？为什么不愿承认在中世纪社会乃至所有社会中，想象和现实并非截然对立？想象就是一种现实，它真实存在。如果某个社会学家或人种学家研究某一社会的各个方面，唯独把想象、信仰、梦想、价值等放在一边，因为这些既不客观也不真实，不能得出“实证”结论（“实证”这个词多么荒谬！），那他的研究就会残缺不全，他将完全无法理解那个社会。这一点大家都会承认。对待中世纪社会也一样。在中世纪，想象是一种现实。今天我们认为体现了事物之本的许多对立分类，在中世纪几乎不重要。

幸好，二三十年来，动物图鉴研究引起了知识界越来越多的关注，出现了一些高质量的作品[23]，但似乎注重知识广博多于综合概括，研究手抄本及其传承多于研究文本及其内容。随着一项项研究的进行，动物图鉴的分类不断演变，到今天，其类型已如此细致，只对考据学和手稿学还有些意义。[24]每份手抄本都提供了独特的文本。研究这些文本的传承及变体当然有用，只是不要在半途忘了出发时的目标，那就是：更好地了解动物图鉴的作者如何论述每个物种的本性、特点、隐义，然后将这论述放在不同的语境中，更好地勾勒出中世纪时人与整个动物界的关系。这也是我们在下文中所要做的事。

野生四足兽

ius que ce traittie est
accompli qui traitte de
Lagouunement de la

·野生四足兽·

△ **豹**（约 1195—1200 年）

拉丁文动物图鉴，阿伯丁，阿伯丁大学图书馆，手抄本 24，8 页反面。

和中世纪的作者一样，我们从“四足兽”开始。这通常指四条腿（但也不一定！）、在陆上行走的动物。把动物图鉴提到的四足兽都仔细研究一遍显然不可能，这里仅分析着墨最多的，其他的请读者自行看图及图释。对于各种动物，我们会先回顾一下动物图鉴和百科全书的论述，然后试着将其置于 12 世纪和 13 世纪的文化语境、社会实践、物质生活和价值体系中，因为主要的研究资料都完成于这个时期。

四足兽中首先要说的是狮子。它从 12 世纪起就傲称百兽之王。之前是熊，但它的地位下降，再经动物图鉴一再论说，狮子便登上了宝座，象征王者。在这一时期，十字军东征，罗曼雕塑增多，骑士团形成，比武盛行，第一批族徽出现，《列那狐的故事》也写作于此时期。从此，狮子的威风天下无双。[1]

◄ **野生四足兽**（约 1400 年）

彩绘师在这幅卷首画中画了九种动物，每种都有不同的底色。堪比基督的豹被放在正中，以金为底，头戴王冠，地位比左上的狮子更高，似乎它才是百兽之王。

“英格兰人”巴塞洛缪斯，《事物特性》（让·科尔伯雄译本），巴黎，法国国家图书馆，法文手抄本 216，283 页正面。

◂ **百兽之王“狮子”**（约1450年）

在中世纪，狮子并不是一种完全异域的动物。绘画、雕塑中经常有它，人们也经常讲述、评论狮子，以至它几乎成了日常生活的一部分。教堂中也随处可见狮子的身影。在画中，鬃毛是其主要特征，可以此区分雌雄，是狮还是豹。有时它头上戴着王冠，以示是百兽之王。至12世纪，狮子完全取代了熊，登上了“兽王”的宝座。

拉丁文动物图鉴，海牙，梅尔马诺・韦斯特雷尼亚尼姆博物馆，手抄本10B 25，1页正面。

► **狮子的三品性**（约1240年）

这幅画分为三格，展示了狮子诸多“品性”中的三种：狮子能克邪物猴子，埃塞俄比亚有种人以狮为神，狮子只怕白公鸡。从上到下，三格的边框和底色蓝金交替，形成一种韵律，体现出图像的内在关联。

拉丁文动物图鉴，牛津，博德利图书馆，博德利手抄本764，2页正面。

狮

不管是拉丁文还是地方语言的动物图鉴，对狮子都着墨颇多。有些称之为“百兽之王”（*rex animalium*），更多的只称之为“野兽之王”（*rex bestianum*），但一致认为狮子是最强大的陆地动物。这其实不符合老普林尼的说法，他认为大象才是最强的，其《自然史》第三卷写四足兽，开篇便是大象。依西多禄则从狮子开始论各种野兽，称其为“王”（*rex*）。以狮为百兽之王是东方传统，可能更多源自伊朗而不是印度。这种说法几乎不曾被古希腊、古罗马的作者采用，倒是可见于《圣经》，也随着《圣经》一点点传入西欧。

《圣经》常常提到狮子，说它强大而勇敢。打败狮子是丰功伟绩。所有力量过人的国王或英雄都被比作狮子。但从象征的角度看，狮子也有两面性，有好也有坏。《旧约》中的狮子通常是坏的，危险、残暴、诡诈、不信教，代表邪恶的力量、以色列的敌人、暴君、昏君以及生活在罪恶中的人。《圣经·旧约·诗篇》和先知都很重视狮子，将其塑造成可怖的生物，须尽量避开，并乞求神的庇护：“救我脱离狮子的口。”（《诗篇》22：21）《新约》有时也把狮子塑造成可怕的形象。但《圣经》中也有“好狮子”，用力量服务于公共利益，用吼叫传达上帝的话语。《圣经·旧约·箴言》称其为所有动物中最勇敢的[2]，《圣经·旧约·创世记》说它是以色列最强大的犹大支派的标志[3]。于是，狮子也和大卫王及其后代乃至基督联系了起来。

▲ **幼狮复活**（约1200—1210年）

有些动物图鉴说狮子朝幼狮的死胎吹口气就能让它起死回生，更多的是说狮子会长时间舔舐以让死胎温热而重获新生，就像天父让其子复活一样。

拉丁文动物图鉴，伦敦，大英图书馆，王室手抄本 12 C XIX，6 页正面。

基督教早期教父主要认为狮子是好的，尽管有些人，如誓与所有猛兽为敌的奥古斯丁，也将狮子看作残暴、专横的动物，说其力量不服务于善，而服务于魔鬼，血盆大口如地狱深渊，与狮子搏斗就是与撒旦博斗，比如参孙杀狮。更多立教之父和基督教作者，如安波罗修、奥利振（Origène）、拉邦·莫尔（Raban Maur）则持不同观点。他们依据《新约》、东方传统、《博物论》，把狮子看成“动物之主”，相当于亚当或基督，这推动了基督教中狮子地位的提升，终令其在12 世纪和 13 世纪的动物图鉴中成为百兽之王。

《博物论》之后的所有动物图鉴其实都曾把狮子比作基

督，大多继承了它在东方传说中的“品性”，并把每一种都与基督联系起来。狮子被追捕时会用尾巴扫去脚印让猎人找不着，就像耶稣隐藏神性，降世为人，诞生在圣母马利亚怀中，以更好地骗过魔鬼；对手下败将不会赶尽杀绝，就像仁慈的主宽恕悔改的罪人；睁着眼睡觉，就像墓中的基督，肉身已死，神性长存；吹一口气就能让三天之内的死胎复活，就像天父让耶稣复活。

因为没有清楚的说明，狮子的其他特性有些莫名其妙。按动物图鉴的说法，狮子只怕一种动物：白公鸡；也只畏惧两样东西：火和车轮声。后一点索利努斯曾说过，但从何而来，有何原因，我们不知道。同样，为什么狮子只害怕白公鸡？动物图鉴没有直说，但提到彼得（可被比作狮子）三次不认主时的三次鸡啼，并且从此以后所有公鸡都打鸣报时以敬上帝。日暮之后，公鸡不再打鸣，夜晚来临，恶魔也随之结队而来。白公鸡的颜色也与黑夜对立。

我们再说些不常被提到的特性。狮子生气时会击打地面，就像上帝教训人类让其远离邪恶：爱之深，责之严；狩猎时用尾巴画圈，所有进入此圈的动物都不想出去，这个圈就是天堂，尾巴就是神的公正裁决，入圈的动物就是被选中上天堂的人；对人和其他动物都很宽宏大量，像神一样宽恕跪在面前者，妇孺也无须恐惧。另外，许多作者还说，狮子不吃人也不吃其他动物，“除非饿坏了”，就算吃也不会吃独食，会与“臣子”分享，慷慨如领主。雄狮还是好丈夫、好父亲，一辈子忠于雌狮，但如果雌狮与小人中的小人——豹子“过从甚密”，它会残酷地惩罚雌狮。最后，狮子觉得将死时会啃咬土地，悲泣三天不停。

所有动物图鉴都说狮子勇敢、慷慨、正义，这些都是国王该有的品德。《列那狐的故事》中最古老的一组故事与最早的彩绘动物图鉴是同时代的（约1175—1180年），故事中的狮王就具有这众多品质。狮子从此彻底代替了熊，登上百兽之王的宝座。12世纪和13世纪的许多文献都可佐证，动物图鉴也起到了重要的作用。

野生狮子大概在公元前几千年就从西欧消失了。罗马人曾从北非、小亚细亚或更远的地方大量引进狮子供马戏团使用。所以，在中世纪，狮子早已不是欧洲本土动物，但那时的人们完全有机会见到活的狮子，不是每天但也没我们想得那么少。有许多人带着各种动物到各个集市展览，通常有熊，有时也有一两头狮子。狮子是明星，有人远道而来就为一睹其风采。除了这种简陋的流动动物园，还有更大型的动物展，通常有固定场所，也会巡回展览，狮子是头牌。长久以来，只有国王、领主和一些修道院才拥有狮子。13世纪起，某些城市、教团、高级神职人员也纷纷效仿，不是为了满足民众对珍奇猛兽的好奇，而是为了展示实力，因为只有最有钱有势的人才能购买、饲养、赠予、交换狮子。

所以，在中世纪的西欧，哪怕是乡间，活狮子也不是那么罕见，画出的、雕出的、绣出的、捏出的就更常见了，每天都能见到。教堂、房屋、陵墓、艺术作品、日常用品中有许多狮子形象。不管是罗曼式教堂还是哥特式教堂，中舱、祭坛、地面、墙壁、天顶、门窗……里里外外都有狮子，有完整的，也有和别的动物杂合而成的，有许多部位像狮子的，也有仅头部是狮子的，有单独表现的，也有在场景之中的。

教堂的装饰很丰富，动物所占的部分很可观，有许多画出的、雕出的狮子。日常装饰、彩绘手抄本、文学作品、族徽中也有许多狮子，近15%的盾形徽章有狮子装饰。12世纪的骑士小说名句“无武器者携狮子”直到16世纪和17世纪仍被印刷的徽章手册引用。狮子的确是中世纪动物图鉴的“明星”，远超其他动物。举目所见，难得没有狮子的地方。它已成为日常生活的一部分，也令史学家从地理和文化角度思索，究竟何为“本土”，何为“异域”。关于这点，中世纪的概念与今日大不相同。

熊

从旧石器时代起，熊崇拜就是北半球传播最广的动物崇拜。关于熊的神话极为丰富，衍生出无数的传说，一直流传到中世纪中期，甚至现代。它是最典型的传说主角，也最经常被拟人化，与人类，尤其女人，有着紧密的暴力或肉体关系。将熊的兽性与女性的美丽对立起来是非常古老的主题。熊浑身长毛，可引申为“野人”或“隐士”，但它也是森林之王、百兽之王，这在北欧传统中一直延续到中世纪末，在其他地方到12世纪就已消失。“野兽”

和“王者”这两种属性也可兼而有之，许多传说提到某国王或首领是“熊的儿子”，是女子被熊掠走强暴后所生。

这样一种动物在中世纪前期让教会恐惧。熊不仅力大惊人，还淫邪暴力。另外，它看起来也很像人，能站起来，交配的姿势也与人类似。老普林尼曾错解了亚里士多德的一段话，自此以后，许多动物图鉴以及大部分百科全书都说熊以人的方式（*more hominum*）交配，面对面，肚子对肚子，而不像其他四足兽那样。熊与人相近，又非常危险。最重要的

▲ **熊崽复活**（约1200—1210年）

熊崽和幼狮一样也会死产，而母熊长久舔舐、呼气使其温暖就能让它们起死回生，这样就弥补了它主动缩短孕期的过错。它不足月就生产是为了再次吸引公熊来追求。

拉丁文动物图鉴，牛津，博德利图书馆，阿什莫尔手抄本 1511，21 页正面。

是，它是欧洲原生的动物，到1000年左右依然在全欧洲被捕猎、赞美、祭拜，并被称为百兽之王。

教会很早就开始与这样的动物斗争，想把它从王座上拉下来。8—12世纪之间，教会四处颂扬狮子，“以狮敌熊”，因其来自书籍记载而非传说故事，更易控制。

教会使用的手段很多，最常用也最有效的就是贬低熊。《圣经》里的熊总是坏的，奥古斯丁的一段著名布道言也把熊比作魔鬼。[4]基督教早期教父和加洛林王朝时期①的基督教作者据此将熊归为魔鬼的动物，说魔鬼经常化作熊形，折磨加害有罪之人。另外，他们还说熊有许多恶习，比如粗暴、恶毒、淫荡、肮脏、贪吃、作恶、懒惰。在他们的笔下，熊成了七宗罪的代表动物，七者具其四：愤怒、懒惰、暴食、淫欲。熊暴躁而不容别人指责，是为暴怒；一年中很长一段时间在睡觉，是为懒惰；什么都吃，尤爱蜂蜜，是为暴食；色欲熏心，强暴少女少妇，是为淫欲。

大部分动物图鉴都会提到这些特性，还会加上别的恶习并举许多例子。但有些也略不同，并不总把熊塑造成负面形象。比如淫欲这一条，有些动物图鉴就认为，这不光是雄性的事，雌性也有干系。当然，是公熊欲火中烧，不顾一切要行淫秽之事，但母熊也不抑制欲望，日夜追逐公熊，交欢开始就不愿停止。好几位作者提到，熊崽孕育30日便会出生，小而未成形，无眼无毛，几乎无生命迹象。他们思考孕期为何如此短暂，这对熊崽来说十分危险，结果他们认为，这都是因为母熊等不到妊娠正常结束。为何等不了而如此急于生产？因为母熊有孕在身时公熊便不愿与之交配。对母熊而言，肉体之乐比为母之喜更重要，所以才急于产下几乎是死胎的熊崽，之后赶紧再找公熊交配。

不过，更多的作者承袭古典时代的说法，修正了这种“坏母亲”的形象。有些动物图鉴引用亚里士多德和老普林尼的多段论述，并依据《圣经》中的一段著名经文（“必像丢崽子的母熊，撕裂他们的胸膛”[5]），说母熊长久舔舐快死的熊崽，温暖其身，便能让其起死回生。之后母熊会将小熊带在身边数月，勇敢地与捕食者斗争以保护它们。母熊从荡妇变成好妈妈，其行为

① 加洛林王朝是自751年统治法兰克王国的王朝，987年被卡佩王朝取代。

就像悔改甚至皈依，认识到错误，抛弃有缺陷的本性，变成值得学习的榜样。1210年左右，“教士”纪尧姆（Guillaume le Clerc）在英格兰或诺曼底编撰了一本《神圣动物图鉴》（*Le Bestiaire divin*）。他认为，死产熊崽重获新生就像接受洗礼，肉身成形，有了呼吸，眼睛睁开，就像洗礼时受膏的上帝子民一样。熊崽被母熊舔舐而复活是第二次降生。[6]

动物图鉴和百科全书还阐述了熊的许多其他特性。比如，呼气臭不可闻，对狼和狐狸等尤为危险；四肢力大无穷，可一掌劈倒一棵橡树或山毛榉；油脂可生发，也可令阳痿者重振雄风。另外，已被捉住的熊越挨打越不易驯服，只要令其看不见即可，这样就越挨打也越温顺，甚至能做家事，搬石打水，推磨犁地。虽然熊杂食，但有些植物它不能吃，尤其是曼德拉草，食之毙命，若误食要迅速吞下大量蚂蚁方能无碍。熊捉蚂蚁时以熊掌伸入蚁穴，待布满蚂蚁就抽出并贪婪舔食。熊会冬眠，这引起了许多疑问，它去哪里了？秋末仲冬之间在干什么？真的在睡觉吗？如何进食？某些作者说它去了地狱，从魔鬼那里获取指示，回来继续为害人间，散播邪恶。[7]

圣徒传记对熊的论述也没什么不同，也认为“熊即魔鬼”，不过圣徒更强大，许多传记讲述了圣人如何以身作则，用美德和力量征服了野蛮可怕的熊。一头熊吞了林堡（Limbourg）及埃诺省（Hainaut）①的布道者圣阿芒（Saint Amand）的骡子，圣阿芒就让它驮行李。熊吃了牛，努瓦永（Noyon）②的主教圣埃卢瓦（Saint Éloi）就让熊代替牛犁地。利穆赞（Limousin）③的圣吕斯蒂克（Saint Rustique）要用两头牛给弟子圣维昂克（Saint Viance）拉灵车，结果一只熊杀死并拖走了这两头牛，他就让熊拉灵车。圣高隆邦还曾让熊在洞中给他留块地方避寒。圣加尔（Saint Gall）则让熊帮他建隐居所，这在后来变成基督教世界最富有的圣加尔修道院。[8]

熊在动物图鉴中被比作魔鬼，在圣徒传记中被人驯化。12世纪和13世纪起，熊也因杂耍而被丑化。一向看不惯动物表演的教会却不反对耍熊。熊被戴上嘴套，捆上铁链，跟着杂耍者从一个城堡到另一个城堡，从一个集市

---

① 林堡是位于今比利时东南部列日省（Liège）的一座城市，埃诺省是位于今比利时西南部的一个省。

② 努瓦永是位于今法国东北部瓦兹省（Oise）的一座城市。

③ 利穆赞是法国中部一个大区的名称。

到另一个集市。它原是令人敬畏的森林之王，现在却成了马戏团动物，跳舞、转圈、供人娱乐。以熊赠人已不像加洛林王朝时期那样是尊贵的国礼，王侯的动物园中已没有熊的位置。只有丹麦和挪威国王敬献的北极熊直到现代初期仍保持一定声誉。

鹿

古罗马人看轻鹿，基督教早期教父和中世纪早期文章却努力颂扬鹿，将其比作基督。这些教父或文章借用了某些凯尔特、日耳曼传说，这些传说将鹿看作太阳的动物、光的生灵、天与地的沟通者。诸多出现鹿的圣徒传说也由此而来，比如圣厄斯塔什(Saint Eustache)和圣于贝尔(Saint Hubert)的传说，有金鹿、白鹿、长着翅膀的鹿，还有猎人在森林深处遇到的神鹿，鹿角间有发光的耶稣受难十字架。

动物图鉴也把鹿作为敏捷、长寿、复活的象征。每年重生的鹿角是抵抗邪恶力量的武器。好几位作者引用老普林尼说过、索利努斯补充的话，说鹿克蛇，会用水灌满蛇洞，然后再吸水，这样就能把蛇弄出来并杀死吃掉。但毒蛇死了也有毒性，鹿吃了毒蛇如果三小时不喝水就会死去，所以要寻泉饮水。《圣经》中被多次引用的一段经文说，信者的灵魂寻找天主就像口渴的鹿寻找水（《诗篇》42 ：1）[①]。大部分动物图鉴故意不提鹿在性方面的负面意义，把它当作高尚纯洁的动物，象征虔诚的基督徒，和羔羊、独角兽一样可代表基督，为此还玩起了文字游戏，用拉丁文的“鹿”(*cervus*)谐音“仆”(*servus*)，后者是形容基督的词之一。鹿就是救世主，它把蛇从洞里弄出来，就像耶稣把魔鬼从着魔者的灵魂中赶走。鹿角让人想起十字架，烧一小块就能趋避恶魔。

动物图鉴和百科全书还说鹿的听觉特别灵敏，喜欢音乐，但耳朵竖起时才能听见，耷拉着就什么也听不到。马鹿喜欢人在它身边吹口哨，喜欢七弦竖琴而讨厌号角，和黄鹿正相反。许多作者还认为鹿角就形似这种琴。康坦

① 原书此处写《诗篇》41 ：1，有误，应是《诗篇》42 ：1，“神啊，我的心切慕你，如鹿切慕溪水。”

普雷的托马没那么高雅，他说鹿角就像薄荷叶、芦笋叶，种在土里会生根发芽。[9]

动物图鉴和百科全书还说鹿的多个部位都可入药。鹿从不发烧，所以只要每日吃点儿鹿肉就不会发烧；鹿克蛇，其油脂能解蛇毒，身上抹点鹿油就不怕蛇咬。鹿还长寿，比森林中所有其他动物活得都久，有些说能活 100 岁，有些说能活 900 或 1000 岁。还有些引用老普林尼的故事，说有鹿戴着很久以前亚历山大大帝所赐的金项圈，这是在亚里士多德的建议下赐给它们的。天长日久，项圈随着生长陷入脖颈中。据说法国国王查理六世某次打猎时就遇到过一头这样的鹿，

▲ **鹿**（约 1180—1190 年）

动物图鉴通常不提鹿的强烈性意味，更愿意将其比作基督。鹿克蛇，鹿角每年重生象征着复活，鹿感觉变老时只要喝下青春之泉或服下神草即可恢复活力与健康。

拉丁文动物图鉴，圣彼得堡，俄罗斯国家图书馆，拉丁文手抄本 Q.v.V.1，31 页正面。

只不过其项圈不是亚历山大大帝或亚里士多德给的，而是恺撒下令赐予的：

> 一日，年轻的国王为解闷去打猎，在鹿群中看见一头鹿，比其余都美，颈戴铜镀金项圈，着实令人称奇。圈上有非常古老的铭文。国王下令只能用网捕捉，不得放狗去咬。好几个认识铭文的人都说是拉丁文“*Caesar hoc mihi donavit*”（“恺撒赐我此圈”）。他们告诉国王，此鹿自恺撒那时就在林中。国王觉得奇妙，便放了那鹿。[10]

慷慨的亚历山大大帝赐金项圈，小气的恺撒只给铜镀金的项圈……

某些动物图鉴和狩猎论著也会提到鹿性欲旺盛，秋天发情时就会变得淫荡，好像“野化”了一样，会伤人致命，比野猪还危险。许多作者都引用过狩猎论著中的俗语：“野猪拱了看医生，被鹿顶了见棺材。”但在一年中的其他时间，鹿都很平和，遇到猎人也不会反击，只会逃跑，被包围就停下并哭泣。动物图鉴关于鹿的说法与狩猎论著的关系密切。整个中世纪，狩猎论著越来越推崇猎鹿，逐渐将其变为王侯狩猎的对象。古典时代并非如此。

古希腊人根本不爱猎鹿，甚至鄙视猎鹿，古罗马人更甚。鹿被视为胆小怯懦的动物，见到猎狗就逃，逃不过就任人宰割。在拉丁文中，胆小、临阵脱逃的士兵就被称为“*cervi*”（鹿的复数）。鹿肉也被认为太软且不净，不会出现在贵族的餐桌上。贵族打猎时很少去鹿栖息的地方，他们偏好更阴暗、更险峻之处。“逐鹿”既不能带来荣耀也不能带来快乐，贵族和名声好的市民都不应醉心猎鹿，应该留给乡下人。

中世纪的基督教则不一样。从中世纪早期开始，猎鹿就被看重，12 世纪更成为最佳的王室狩猎活动。在这种地位提升中，《博物论》和动物文学著作起到了至关重要的作用。教会的作用也很大，它反对一切狩猎，但猎鹿没有猎熊、猎野猪那么野蛮，不会以人和动物血淋淋地赤身肉搏结束，是更小的恶。另外，因猎鹿而死的人和狗更少，对收成的破坏更小，嚎叫和臭气也更少，大部分是因人、狗或鹿疲累了而告终。当然，猎鹿还是不如用隼狩猎平和，发情期的大雄鹿也有狂暴的一面，但不管在一年中的哪个时间，追逐一头鹿并不会令猎人陷入近乎恐惧或狂躁的状态中，与熊或野猪近身搏斗时就难免了。总之，猎鹿看上去更开化、更节制。

古希腊和古罗马的猎人认为鹿很胆小，猎鹿没什么意思，而凯尔特和日耳曼的猎人、战士推崇猎野猪和熊。动物图鉴和狩猎论著推崇鹿、贬低熊和野猪，逐渐颠倒了狩猎的高低贵贱，将鹿立为王侯狩猎的对象。这种改变并非一蹴而就，各地的步调也不同，但到13世纪就基本稳固下来。

野猪

中世纪的作者关于野猪的说法几乎就是鹿的反面，狩猎论著对猎野猪的态度正好与古典时代相反。古罗马人很喜欢猎野猪，认为它是高尚的猎物、可怕的野兽，其力量和勇气令人钦佩，也是极危险的对手，它会一直斗争到最后一刻，宁死不屈，不会逃跑，因此受到尊敬，大家都想与之一较高下。日耳曼人对野猪也是又敬又怕。与熊或野猪来一场单打独斗是成年、成为战士的必要仪式。

中世纪早期依然保持了这种对猎野猪的推崇，尤其是在日耳曼国家，但到了封建领主时期就渐渐式微了，13世纪和14世纪的狩猎著作大力推崇猎鹿，猎野猪彻底衰落。如前文所述，鹿从此变成了高尚的野兽、王室的猎物。14世纪有一本著名的狩猎书《摩杜斯国王和拉西奥王后之书》（*Livre du Roy Modus et de la Reine Ratio*），其作者亨利·德·费里埃（Henri de Ferrières）可能是最鄙夷野猪的人，他总结了之前的拉丁文和地方语言动物图鉴关于野猪的所有内容。

赞扬野猪的动物图鉴极少。说实话，野猪也只有一种美德：勇敢。它什么也不怕，一直战斗到死。两根獠牙是主要的武器，它在树上把牙磨尖，嚼一种“充满铁和火”的神草——牛至（l’origan），让獠牙更强，像闪电一样，在与猎狗斗到激烈时会喷出电光火焰。野猪的视力很差，只能直着走，所到之处一片狼藉，刨过的地方寸草不生，流着口水，怒气冲冲地祸害树林、葡萄园和待收割的庄稼。它虽然视力不好，但嗅觉和听觉都很灵敏，动物图鉴中提到五感时，常常提到它的听觉和鼹鼠一样。它喜欢音乐，尤其是管乐。它的尿混上蜂蜜能治耳聋及一切耳疾。

► **捕猎野猪**（约1240年）

王侯和领主都喜欢猎野猪，因为野猪勇敢而可怕。但猎野猪非常危险、暴力、野蛮，最后会以人和动物的肉搏结束。许多猎人、猎犬都因此丢了性命，好几位国王也都在猎野猪时受伤不治去世。因此，教会全力把不太危险的鹿立为王室狩猎的对象，来替代野猪，到13世纪终于完成。

拉丁文动物图鉴，牛津，博德利图书馆，博德利手抄本764，38页反面。

动物图鉴和百科全书还说野猪不洁、作恶，是基督敌人的化身。它又丑又黑，背上的毒刺根根突起，气味难闻，总弄出很大的动静，喜欢生活在黑暗中，完全是魔鬼般的生物；它十分肮脏，总是大声哼哼，口吐白沫，喜欢钻在烂泥和污物中，脚弯如翘头鞋；它易怒、凶残、十分傲慢，还非常危险，因为有两件可怕的武器，堪称地狱之钩，就是“口里两根尖角般的獠牙”。野猪和家猪一样，从不抬头看天，永远俯首在地里找食，于是代表了纵欲者，只想着人间的欢乐，从不望向天主。最后，野猪还很懒惰，吃饱就睡，是所有恶习的化身。

《圣经》也将野猪喻为邪恶，说林中出来的野猪糟踏了主的葡萄园（《诗篇》80 ∶ 13）[①]。13世纪的所有布道词和寓言也都如此，把野猪描述成讨厌、凶猛、狂躁的动物。古罗马诗人所称颂的勇敢，在基督教作者的笔下却变成了鲁莽。它习惯夜行，毛色深黑，再加上闪闪发光的眼睛和獠牙，活像是从地狱深渊走出来的动物，来为害人间，挑战上帝。中世纪晚期，这种负面意义更严重，贪吃、暴食、淫荡、肮脏、懒惰等缺点之前只加在家猪身上，现在也全都加到了野猪身上。中世纪早期并不会将野猪和家猪混为一谈，但到了晚期以后，家猪和野猪的界限被打破了。

狼

百兽录中的狼和野猪一样邪恶。它虽没有野猪勇猛，口中也没有冒火的獠牙，但却更狡猾、更残忍。比如，狼总是顺风走，让猎犬无法跟踪；独狼嚎叫时还会以爪掩口来增加声音，让人以为有一群狼。狼和狗一样会有狂犬病，某些作者还说狼牙有毒，因为它有时吃蟾蜍。狼最喜欢抓小羊羔，会披上羊皮藏在羊圈里或混进羊群中。没有吃的，万不得已时，狼就喝风，但它其实非常贪食，抢孩子的食物，甚至把狼崽吃掉。百科全书说狼会同类相食这点已被证实。不过，在所有动物的肉中，它最爱吃人肉，经常吃小女孩，就像《小红帽》里写的那样。这个故事最古老的版本于1000年左右出现在

① 原书此处写《诗篇》79 ∶ 13，有误，应是《诗篇》80 ∶ 13，“林中出来的野猪把它糟踏；野地的走兽拿它当食物。”

列日地区。狼饥饿时会变得疯狂，吃饱了就胆小、懒惰，但也喜欢为作恶而作恶，抓到羊羔、牛犊先折磨一番再撕碎吃掉，连骨带肉一点儿不剩，就像魔鬼先折磨世人和僧侣再扔进地狱之口。狼凶猛残暴，所杀总比所需多，让人想起巧取豪夺的大地主，自己并不真正需要，只因为纯粹的贪婪就夺走农民和奴仆拥有的一切。

以动物习性类比封建社会在 12 世纪和 13 世纪的动物图鉴中并不罕见。

狼的叫声令人胆寒，眼睛到晚上还会发光，像蜡烛一样。博韦的皮埃尔说："只有不明理之人才会觉得这样的光好看。"狼的感官中最发达的是视觉，甚至可作为可怕的武器。所有动物图鉴都说，狼与人相遇，若狼先看见人，则人说不出话，动弹不得，无法抵抗，只能被吃；而如果人先看见狼，则狼力气全失，不敢进犯，只能掉头逃走或任人捕捉。这种特性被写过许多次，也经常被用于比喻。里夏尔·德·富尼瓦尔的《爱的动物图鉴》优雅而精致，从开篇起就以此表现了好几个例子的相思之苦。我们再引用一遍：

> 若人先看见狼，而非狼先看见人，则狼的力气、胆量尽失。相反，若狼先看见人，则人失语，一言不得发。男女之爱亦如是。两情相悦时，若男子通过女子举止先知其有爱慕之心，又巧施办法令其承认，女子便失去拒绝的力量。但我心爱的人啊，我却无法耐下性子，未知你心意就吐露心声，结果你对我避而不见。我先被看见了，便失了声，像狼一样。[11]

动物图鉴里也有各种关于狼身体构造的说法。它的脖子僵直，不能转头，要转只能全身一起转，与别的动物相斗时是一个劣势，尤其是熊，熊克狼，1 只熊就能战胜 20 匹甚至 30 匹狼。康坦普雷的托马说狼脑随月亮增减，晚上奸诈狡猾，白天不堪一击，所以白天捕狼较好。狼皮和狼肉没什么用，但弯弯的尖牙可作护身符，能让佩戴者的力量增加 10 倍。踩到狼骨会使人动弹不得，踩到驴骨和马骨也一样。狼尾功用甚大，可在狼以后腿站立时帮助其保持平衡，这种姿势很吓人。如果把狼的尾巴砍掉，狼就变得无害，所以狼尾是种战利品，有些狼被猎犬追捕时也会自断其尾。最后，狼尾毛还有助于爱情，但一定要取自活狼无损伤的尾巴才管用。

有些动物图鉴说公狼在其父尚在时无法生子，母狼在其母尚在时也无法

◄ **狼在羊圈口**（约 1200—1210 年）

惧怕狼的心理主要出现在中世纪晚期和现代，在封建领主时代的欧洲乡间，人们更惧怕龙和魔鬼。不过，饿狼会危害家畜，晚上会绕着羊圈不怀好意地转悠。动物图鉴说狼很狡猾，会顺风走以躲避猎犬，嚎叫时还以爪掩口让人以为有一群狼。

拉丁文动物图鉴，伦敦，大英图书馆，王室手抄本 12 C XIX，19 页正面。

产子，这就解释了为什么有些地区狼比较少：因为那些地区的狼活得久！另一些动物图鉴则说狼总在离窝很远的地方捕食以保护幼崽不被发现，所以栖息地之外反而有更多狼。在中世纪末期的象征体系中，这种行为代表谨慎，这是狼的唯一美德。它一般都是奸诈、残暴、凶猛、贪婪甚至吝啬的象征。

虽然动物图鉴和百科全书把狼描绘成魔鬼，令人恐惧，但中世纪的人们其实并不怕狼，倒更怕龙和怪兽。《列那狐的故事》中的狼伊桑格兰（Ysengrin）完全不可怕，它被狐狸骗，被狮子斥责，被其他动物嘲笑，还被村民追着砍掉了尾巴，是个滑稽可笑的形象，和古典时代以来狼在寓言中扮演的角色相近。在欧洲乡间，惧怕狼是现代才有的社会文化现象。血腥而神秘的“热沃当（Gévaudan）野兽事件”（1764—1767 年）[①] 便是一例，它发生在 18 世纪而不是 13 世纪的法国。

① “热沃当野兽”是一种专吃人的狼、狗或狼狗，1764—1767 年，在法国中南部的热沃当省（现为洛泽尔省和上卢瓦尔省的一部分）盛传这种野兽攻击人类，引发了恐慌。

▲ **豹的美妙气息**

（约 1260—1270 年）

动物图鉴中的豹是一种神奇的动物，总被说成好的，吐气如兰，引来百兽。只有龙受不了这种气息，会逃到地下。豹克龙，豹就是基督，龙就是魔鬼。

“教士”纪尧姆，《神圣动物图鉴》，巴黎，法国国家图书馆，拉丁文手抄本 14969，38 页正面。

豹

狼、熊、野猪都是作恶的野兽，是魔鬼所造，而豹则是美妙的生物，温柔善良，堪比基督。至少动物图鉴中的豹如此，与我们今天所知的豹几乎没什么联系。当然，这是一种“在非洲很常见”的野兽，但它有许多奇妙的特性。

首先，毛色不是纯色，而是由不同颜色组成，通常有七种。“七”这个数字在中世纪表示完整、完美。哪七种颜色呢？大部分作者并未说明，说了的也不尽一致，尤其是在有没有黑白这一点上。通常有红、蓝、绿、黄、褐，还有两种要在紫、橙、灰、黑、白中选。七种颜色怎么出现？这也众说纷纭，可以是条纹、斑点、星形、小圆圈。好几本13世纪的英国彩绘动物图鉴都画了一种美妙的豹，身上不是斑点而是眼睛，五彩缤纷，好像古希腊神话中的百眼巨人阿耳戈斯（Argus），他浑身长满眼睛，能看见所有地方的一切事情。

除了颜色还有气味。据说豹能发出一种美妙的香气，引来陆上百兽，包括那些被它当作食物的动物们，它们离开草地和树林，一直跟着豹，呼吸豹的香气，观赏豹的色彩。所有动物都这样？几乎所有，除了龙，龙看见豹或闻到豹的气息就要逃跑，躲进山洞或地下深处。豹克龙，能趋避龙，甚至仅凭气味就能杀死龙。这种气味独一无二，是神圣的气味、天堂的气味、基督的气味。豹经常被比作基督，其象征很明确，豹走出森林时，跟随它的动物就是基督复活后跟随基督的人，不管是犹太人还是外邦人，而逃走的龙就是被天主的教诲赶跑的撒旦。

《博物论》就已把豹比作基督，最古老的手抄本中，豹列狮子之后，位居第二，而狮子被比作上帝。直接出自《博物论》的动物图鉴都继承了这一顺序和类比。有些作者更爱钻研，塔翁的菲利普在1120—1130年左右编撰了一本盎格鲁-诺曼语韵文的动物图鉴，他说“豹”（panthera）这个词以“pan”开头，这在希腊文中是“全”的意思，所以豹是动物中“统领全部者”，像基督一样。

一本15世纪的托斯卡纳（Toscan）[①]的佚名动物图鉴则更实际，书中不否认豹的美丽色彩和奇妙气味，但也质疑这种自然的吸引是不是用来满足并不亲善的觅食本能。不过，疑问也只是表象，怪异甚至自相矛盾的评论在这类文章中并不罕见，加上一句就让豹再次有了宗教意味：

> 豹是十分美丽的野兽，不纯白也不全黑，各色兼有，像神的所有朋友一样，是继天主之后最美的……吼叫时喷出一股浓郁的香气，周围百兽皆聚于前，享受闻香之乐，唯有蛇听见豹吼便要逃跑。豹于前来的百兽中挑选最喜欢的吃掉，躺下睡三天后醒来，再次大吼一声，又会有野兽跑来……豹以最爱的野兽为食，正如言辞恳切的传道者让善男信女皈依，让他们得永生，这就是传道者的食粮和生命。[12]

① 托斯卡纳是位于今意大利中部的大区，其首府是佛罗伦萨。

▼ 豹的多彩皮毛（约 1260—1270 年）

除了吐气如兰引来百兽，豹还有另一个出众的特质：皮毛多彩，布满圆点、星形、新月，有时还有斑块或条纹。这种多彩远非不好之事，是神圣的标志。

拉丁文动物图鉴，巴黎，法国国家图书馆，拉丁文手抄本 3630，76 页正面。

▲ 与雌狮偷情的雄豹
（约 1250 年）

雄豹残忍而狡诈，与母狮交媾生下一种更残忍狡诈的动物：狮豹。雄豹和雄狮一样也有鬃毛，但不同的是雄豹有时长着大大的角。

拉丁文动物图鉴，伦敦，大英图书馆，斯隆手抄本 3544，2 页反面。

还有一些作者说豹一生只能怀孕一次，老普林尼就已说过。豹怀孕时，腹中幼崽急不可待要出来，会用已长成的利爪抓破其腹，让其不能再生产。这些作者从中得出道德而不是宗教的教诲：要尊敬父母，永远不要与之争斗，而且在任何情况下都要有耐心，着急总会出事，带来危险。一本洛林（Lorraine）[①]的佚名动物图鉴还说，女子向圣玛格丽特祈祷便不会遭受豹的命运。玛格丽特在中世纪正是孕妇的主保圣人。如果顺产，产下的又是女孩，便习惯起名为玛格丽特，所以 12—18 世纪在欧洲很大一部分地区有许多人叫此名。

某些图鉴会专门用一章讲雄豹。它也杂色，但没有美妙的气息，不会引来其他动物，它残忍血腥、奸诈不忠，会与雌狮交媾，因雌狮总在发情，几乎和母狼一样淫荡。雄豹和雌狮会生下不祥而可怕的杂种：狮豹。

① 洛林是法国东北部地区及旧省名，现为法国大区之一，其首府是梅斯（Metz）。

虎及蝎虎

和豹一样，动物图鉴中的虎也和我们平常说的虎几乎无关，也有多彩的皮毛，有条纹或斑点，圆形或星形的。它在所有动物中速度最快，所以中东最湍急的底格里斯河（Tigre）也以虎命名：“底格里斯”就是“虎”的意思。此河岸边矗立着中东最大的伊斯兰城市：“满是宝藏和奇景”的巴格达。

虎奇异非凡，跑起来无法追赶，难以捕捉。猎人想捉虎崽来养，做虎皮交易，又害怕成年虎的迅猛，只好略施小计，捉住虎崽后马上骑马逃跑，眼看就要被母虎追上时扔下镜子或玻璃球。母虎在其中看见自己的样子，以为是孩子，一直摆弄，想拿起而不得，好一会儿才意识到被骗，再去追赶为

▼ **猎 虎**（约 1195—1200 年）

虎奔跑极快，猎人要抢得幼虎需使出一招，逃跑时扔下几面镜子。母虎看到便踟蹰不前，凝视自己的倒影，以为是孩子，耽搁了时间，再也追不上猎人。

拉丁文动物图鉴，阿伯丁，阿伯丁大学图书馆，手抄本 24，8 页正面。

▲ **蝎虎**（约1260—1270年）

蝎虎是一种生活在印度的怪兽，以血为食，头巨大，口里有三排牙。它外表可怕，声音却美丽迷人，以此将男女老少引来吞食。另外，它奔跑起来极快，没有猎物能逃脱，是魔鬼所造，有时也被说成是母狮与公虎交媾所生。

拉丁文动物图鉴，巴黎，法国国家图书馆，拉丁文手抄本3630，80页正面。

时已晚，因母爱而迷途、耽搁、受骗，失去了孩子。

上文提到的托斯卡纳的佚名动物图鉴又有与众不同的说法，书中把母虎描绘成另一种样子，拖住她的不是对孩子的爱，而是虚荣和自我欣赏：

> 雌虎和蛇一样，都爱凝视镜中的自己。猎人若要捕其幼崽，需带上几面镜子，去其穴中捉住虎崽便逃，边跑边扔下镜子。雌虎发现便奋起追赶，如果不是半路遇到镜子肯定能追上，结果看到镜子就停下欣赏镜中的自己，一个接一个，就算看见孩子被抢走也不管，只顾欣赏自己……雌虎代表骄傲无常的人，捕捉、窃取灵魂的魔鬼夺走其灵魂，因为他犯了各种罪，太过追求此世间的愉悦。[13]

有些动物图鉴将蝎虎与虎放在一起。蝎虎是一种怪物，生活在印度，虎身人面，毛色血红，眼睛碧蓝。它十分恐怖，爱食人肉，跑得极快，无人能逃过。血盆大口中长有三排牙齿，长尾末端分三叉，像蝎子一样能喷出毒刺，被射中者当即毙命，只有大象不怕此毒。蝎虎的样子可怕，声音却美丽悠扬，好似笛子，它以此引来男女老少并将其吞食，就像魔鬼吸引可怜的罪人并将其投入地狱深渊一样。

还有些作者会专门用一章来写“蝎狮”。这种怪物是狮身人脸而不是虎身人脸，有浓密的鬃毛，脸上长着胡子，眼睛血红而不是蓝色。老普林尼说蝎狮不长在印度而长在埃塞俄比亚。在其他方面，蝎狮和蝎虎一样恐怖。

独角兽

关于独角兽，动物图鉴和动物学作品都讲了很多，但说法相差甚远。大阿尔伯特（Albert le Grand）说它大小如马，马身鹿头，象足狮尾；另一些作者说它更小一些，如小山羊；还有一些则说它是羊头，也有人说它鹿身牛尾，更有人说它长着马蹄，因为跑这么快不可能长着象脚！不过大家都认为独角兽是一种杂合动物，身体各部分借自其他动物，唯一特别的是前额中间长着笔直的角，又亮又长，可达三四英尺或更长。这只角能辟邪，碰一下东西就能将其净化，接触到毒物、毒水就会流血，实乃珍奇之物。

捕捉独角兽可不容易，它易受惊，性子又野，而且跑得很快，根本追不上，所以猎人要用计。他们知道独角兽会被童贞女的味道吸引，就让少女坐在林中空地处，自己则藏在附近的树丛中。独角兽被气味吸引，从巢穴里出来，跪在女孩面前，头枕在她的膝上或胸前睡去，猎人便阴险地趁机捕杀，或把它围住。独角兽生性骄傲，绝不愿被捉住，会自杀。如果用作诱饵的少女已不是处子之身，经历过男女欢愉，独角兽就会大怒，用角刺死可怜的女孩，毁掉这个陷阱。

所有动物图鉴都说应用此法，而其中的隐义就是：独角兽象征“圣母之子”耶稣，少女象征圣母，大腿代表教会，前额独角代表圣父圣子乃是一体，所以无需两角。

中世纪的基督教当然会编出这样的释义，但独角兽及其捕猎法并不是到中世纪才有的，前 5 世纪的希腊医师科特西亚斯就已提到过独角兽，说它是一种野驴，红头蓝眼，生活在印度，前额生独角，有时有螺纹，只有几“肘”（大约 45 厘米），不到几英尺。在他之后又有许多古典时代的作者提到过这种长角的驴。随着时间的推移，其外观慢慢改变，不再像驴子，角也变长了，还多了许多特性，成了东方奇观之一，去东方旅行的人都想一睹其风采，猎人都想捉一只。老普林尼说独角兽是“印度最野的动物”，许多百科全书编写者继而怀疑独角兽是否就是犀牛。古罗马人在斗兽时能见到犀牛，尤其是在与熊或象相斗时，因为这两种动物被认为所向无敌，犀牛却能以角刺入熊或象的腹部。尖利长角可刺穿一切的东方神兽独角兽是否是犀牛的近亲，或者就是犀牛？现代动物学家毫不犹豫地表示传说中的独角兽就来自对亚洲犀牛的扭曲描述和错误理解。

中世纪的作者则莫衷一是，有些说还有一种体型更大、速度更慢的马身独角兽（*monocéros*）和一种体型小得多、神秘但不害人的独角兽（*églicerón*）。还有些说海里也有一种独角兽，角更长，可达 10 英尺。18 世纪起，学者认为这种“海洋独角兽”就是“独角鲸”，雄性的左上切牙会长成螺纹角状，可达 3 米。从寒冷海域运来的独角鲸牙在中世纪和现代初期被当作独角兽的角，珍藏在教堂和修道院里，后又摆在个人的珍品陈列室中，据说可以辟邪解毒。

◄ **马身独角兽**（约 1195—1200 年）

动物图鉴和百科全书有时会区分出另一种独角兽（*monocéros*），前额也有长角，可刺穿敌人。身形如马，比普通独角兽更大、更沉，叫声也更像牛哞而不是马的嘶鸣。这种独角兽克大象，可用角刺入大象的肚子。

拉丁文动物图鉴，阿伯丁，阿伯丁大学图书馆，手抄本 24，15 页正面。

2 世纪，希腊语的《博物论》就已提过捕猎独角兽，也把独角兽比作基督。所有动物图鉴都详细叙述了捕猎之法，却不是所有动物图鉴都把独角兽比作基督，有些甚至不认为独角兽是好的。许多 13 世纪的作者，如博韦的皮埃尔、“教士”纪尧姆、布吕内·拉坦（Brunetto Latini），都认为独角兽非常残忍，是魔鬼的象征，“如此可怕邪恶，只有

▲ **独角兽**（约1230年）

要抓住马身独角兽是不可能的，而要抓住一般的独角兽需要用残忍的计谋。独角兽会被贞女之味吸引，让童贞少女坐在林中空地处，独角兽就会从树林里出来，睡在少女怀中，猎人就可以趁机抓住它。

拉丁文动物图鉴，伦敦，大英图书馆，王室手抄本 12. F. XIII，10 页反面。

用贞女之味才能捉住，也就是用美德、善良、善行之味”。[14]里夏尔·德·富尼瓦尔则更世俗，他按习惯把捕猎独角兽之法套用在爱情上，把求爱不成的自己比作独角兽，说心上人太残忍：

> 独角兽本性野蛮，再无比它更难捕捉的野兽。它鼻上生角，任何盔甲都不能抵挡，除童贞少女外无人敢接近。它若闻到少女之味，便跪于前，温柔以对，任其支配……猎人便来将其杀死。爱情也这样戏弄了我……在我的路上置一少女，让我爱得深切无比。我在她的温柔面前沉沉睡去，她却置我于死地，并且是爱情特有的死法：绝望无助而死。我陷入了她气味的陷阱。[15]

在这里，独角兽是受害者，在别处则更多是加害者，比如与大象相斗时。好几位作者说独角兽对大象恨之入骨，遇到便把角在石头上磨尖，插入象腹致其死。如此凶狠地攻击一种俱足美德的动物，这样的野兽怎能是基督的象征？

象

中世纪认为象具有各种美德：贞洁、仁慈、勇敢、耐心、善良、诚实、慷慨、正义，更不用说智慧和力量。它是陆地上最强大的动物，可以驮起装有 40 人的塔，甚至整座城堡，据说可以活 300 年以上，它漫长的一生为罪恶的人类做出了一连串榜样。

因此，动物图鉴赋予大象众多特性，个个令人称赞。它不知通奸为何物，而且贞洁到交合也只去东方一个特定的地方，那里离人间乐园不远。雌雄二象在那里的数周仅以曼德拉草的果实为食，为繁殖做准备，然后躲到树丛里交合。有些作者说雌象先尝曼德拉草的果实，然后给雄象，好像伊甸园的夏娃，但那种果实可不是禁果。另一些作者解释了曼德拉草：这是一种神草，它的根似人形，能治百病，是一种灵丹妙药，“只是不能起死回生”，但要弄到曼德拉草的根可不容易，不能直接触碰植株，它被连根拔出时还会发出尖叫，听见当即毙命，所以必须堵住耳朵。

雌象非常知羞耻，只在水里产子，不让人看见。孕期长达两年，300 年只生 1 胎。产子时，雄象在岸边放哨，防止龙来吞食小象。龙性大热，而象

▲ **龙象之斗**（约1195—1200年）

象品德高尚，与许多动物相克。象克龙，龙恨象，两者激烈打斗，最终同归于尽。龙缠住象，令其窒息；象踩住龙，将其压扁。

拉丁文动物图鉴，阿伯丁，阿伯丁大学图书馆，手抄本24，65页反面。

血性凉，所以龙要食象血。龙象相争总是非常激烈，龙阴险而象强大，最终常常同归于尽。

在印度，象还能帮助执法。把罪犯带到象面前，它就会用长鼻卷起他，抛到空中，再接住放到地上，然后一只脚踩在其胸口上。如果罪犯被判死刑，大象就直接将其压死，或用装在象牙顶端的利刃将其砍碎。在别处，大象还能帮助运输、建造。借助“嘴前的蛇形大软管”，它可以抓住任何东西，尤其是食物，但其膝盖不能弯曲，所以无法俯身吃喝，倒下也无法自己站起来，需要同类帮忙。同类也很愿意帮忙，因为象乐于助人、满怀慈悲，一边扶跌倒的象站起来，一边还以叫声鼓励。

因为膝盖不能弯曲，所以象也只能靠着大树站着睡觉。印度的猎人就趁机把树砍倒，让象跌倒而站不起来，捉它取象牙，做“大生意”。有些传道者忘了象有各种美德，将膝盖不能弯曲的象比作不肯在神前下跪而受到惩罚的骄傲之人。就像猎人捉大象、杀大象，魔鬼也会捉住满心骄傲而不愿祈祷、忏悔的人。

大象经常被提到并被作为模范的特性还有顺从和智慧。驯好的象温顺、平和，能听懂主人的话，猜到主人的意图，会服从主人的命令，还能学习、记忆。好几个动物图鉴都引用了3世纪初埃里亚努斯说过的一个事例：有一头象很久才能记住人教的东西，因此被教训、纠正了许多遍，结果人发现晚上它不睡觉，独自在复习。[16] 按这些作者的说法，象只有一个缺点：有时很胆小。它不仅怕龙，还怕老鼠，怕猪哼，怕变色龙的毒。变色龙会变成和树叶一样的颜色，象如果不小心吞下，就要赶紧吃橄榄叶，或神秘而更有效的“印度黑玫瑰”。

和狮子一样，象在中世纪的西欧也并非完全不为人所知。有些王侯就拥有一头甚至多头象，养在其动物园中，有时是非洲、亚洲的君主所赠。13世纪中期，伦敦居民可以在伦敦塔附近观赏英国国王亨利三世的大象。这是埃及苏丹送给法国国王，法国国王又送给英国国王的。这头象每日在泰晤士河中沐浴，和挪威国王送的北极熊在一起。

不过，中世纪最出名的象并不是亨利三世的这头，而是查理曼①的那头，它真实存在，是巴格达的哈里发哈伦·拉希德（Haroun el Rachid）为与之结成联盟共同对付拜占庭而送给查理曼的。800年，查理曼刚加冕为罗马人的皇帝，哈伦·拉希德就送来许多礼物，绫罗绸缎、宝石象牙、印度香料、报时水钟、华丽地毯，还有鸟、猴、豹，最重要的是两头大象。这两头非洲象应是从亚历山大启航，其中一头死于渡海途中，另一头更大，名唤“阿布拉巴斯”（Aboul-Abas），801年它在比萨（Pise）②下船，在帕维亚（Pavie）③追

① 查理曼（742—814年），法兰克王国加洛林王朝的国王，德意志神圣罗马帝国的奠基人。

② 比萨是位于今意大利中部托斯卡纳大区的城市，是比萨省的首府。

③ 帕维亚是位于今意大利北部伦巴第大区的城市，是帕维亚省的首府。

上了几个月前离开罗马向亚琛（Aix-la-Chapelle）[1]缓慢北上的新封皇帝查理曼。但象并没有与新主人同行多久，就又在利古里亚（Ligure）[2]某港被吊上船，海运到马赛（Marseille）[3]。从那里开始，名叫伊萨克（Isaac）的犹太商人带领大队人马和阿布拉巴斯，一路向北，穿过罗讷河谷、索恩河谷，经过洛林，在梅斯休息了很久，终于在802年或803年到达亚琛。一路上，民众纷纷来看大象。这是罗马帝国灭亡后，也就是说近400年来，西欧所见的第一头大象。还有博学之士近距离观察，想确定百科全书对这种奇异动物的叙述

① 亚琛是位于今德国北莱茵－威斯特法伦州的城市，靠近比利时和荷兰边境。

② 利古里亚是位于今意大利西北部的大区，其首府是热那亚。

③ 马赛是位于今法国南部海岸的城市。

是否属实，比如“体大如山”“比马更聪明”“悲悯弱者”“无可指摘的贞洁”。

在亚琛，阿布拉巴斯变成了王室动物园的明星。它应是死于810年对撒克逊人的一次远征。其中的一枚象牙可能被保存了下来，雕成很大的号角，一直放在亚琛的王室宝藏中。有学者想在中世纪早期流传下来的号角中找出它，但实在无法鉴别。几个世纪以来，德国、法国、意大利的好多个教堂、修道院珍宝室中一直摆着“查理曼之号”，这令人想起阿布拉巴斯。另一种更不可靠但更吸引人的说法是，这头象在莱茵河中沐浴时溺死了，庞大的身躯顺流而下，一直漂到北海，成为众多从东方到西欧最终葬身海涛的动物之一。

▲ **幼象出生**（约1260—1270年）

象体现了诸多美德。雌象如此知羞耻，只在水中产子，不让别人看见，但龙会在岸边窥伺，想抓住新生的幼象。

“教士”纪尧姆，《神圣动物图鉴》，巴黎，法国国家图书馆，拉丁文手抄本14969，60页正面。

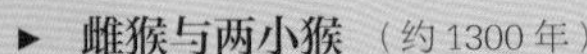

▶ **雌猴与两小猴**（约 1300 年）

中世纪文化讨厌猴，认为它是世上最丑的野兽，不是真的像人，只是假装像人，虚伪，如恶魔一般。雌猴是坏母亲，被猎人追捕时把偏爱的孩子抱在怀里，不喜欢的孩子则扛在肩上，但不一会儿就气喘吁吁，筋疲力尽，只能放开怀抱，丢了喜欢的孩子，不喜欢的仍牢牢骑在肩上。

里夏尔·德·富尼瓦尔，《爱的动物图鉴》，巴黎，法国国家图书馆，法文手抄本 1951，25 页正面。

猴

最像人的动物是什么？这个问题在不同时间、不同地点有不同答案。每个社会对动物及其分类都有自己的认识，对人与动物的关系也有自己的见解。在基督教统治下的中世纪，有三种动物被认为是真正与人相似的、有亲缘关系的。第一种是熊，因为外表相似；第二种是猪，因为内部构造相似；第三种就是猴。

亚里士多德和老普林尼都认为猴最接近人类。[17]中世纪早期，有些作者认同这种亲缘关系，但这与基督教的价值观有着深刻的矛盾。首先，不管哪种动物都不完美，不能与人相比，因为人是上帝按自己的形象创造的；其次，在中世纪的认知中，猴子代表最卑鄙、最令人厌恶、最像恶魔的东西。依西多禄说，如果孕妇看到猴子或猴子的画像，孩子就会像猴子一样丑，无法立足于人类社会。[18]动物图鉴和百科全书继而把猴看作最丑的生物，脸庞古怪，鼻子扁平，皮肤皱得可怕，畸形丑陋，臀部令人不忍直视。总之，是种猥琐而令人作呕的动物，不可与人类相比。那要如何让古典时代的知识与基督教价值观相融合？经院哲学在13世纪中期终于找到了一个方法，他们认为猴子并不是天生（per naturam）像人，而是刻意（per artificem）模仿人，实际上一点儿也不像。[19]其拉丁文名“*simius*”也与“模仿”（simule）相近。弄虚作假就更像恶魔，因为魔鬼也一直想伪装成上帝。猴就是魔鬼的象征。[20]

好几位神学家把猴看作反叛上帝而遭贬黜之人，正如上帝对叛逆天使路西法的惩罚。他们被赶出人的世界，失去人的面目，变成了猴，只是外表还保留些许相似。在许多画中，猴拿着苹果放在嘴边，这苹果和亚当、夏娃的苹果一样，是堕落的象征。

动物图鉴喜欢说猴的外表多样，正如魔鬼会幻化成许多样子。有些猴有尾巴，有些没有；有些长胡子，有些不长；有些毛很长，像长了头发一样，有些则光溜溜，尤其是臀部，奇丑无比，令人作呕。猴的性情也会变化，新月初升之时很欢快，下弦月时则变得忧郁。在中世纪，忧郁绝不是美妙浪漫的事，而是一种病，几乎可说是一种缺陷，是寒而干的黑胆汁过多导致的。

医生的说法是，朔月至上弦月生湿，上弦月至望月生热，然后月亮再由盈而亏导致先干后冷。中世纪的认知中，猴和熊、狐狸一样受月亮影响，所以性情也随月相变化。

虽然猴的缺点很多，但它可以被驯化。人们利用其模仿天性教它表演。从封建领主时代起就有许多耍猴人从一个市集到另一个市集，从一个村落到另一个村落，巡回表演耍猴（通常是母猴）。大城市还有专门的场地，通常在桥上，巴黎和里昂都有。

猴的模仿“本性”有时也是它被抓的原因。动物图鉴说，猎人捉猴时，选猴子众多的树林，在林中空地反复穿脱鞋子，然后走开。猴子就会靠近，也开始穿鞋。不幸的是，这些鞋都被做过手脚，加了厚厚的铅底而十分沉重，猴子一穿上就行动困难，跑也跑不动，捉它们就很轻松了。另一个办法是利用母猴的不良本性。它一般一胎两子，却偏爱一个而不管另一个，被追捕时会把喜欢的那个抱在怀中面朝着自己，不喜欢的那个就驮在背上，但跑着跑着不禁气喘吁吁，张开双臂想大口呼吸，倒把喜欢的那个掉在了地上，被猎人捉了去，不喜欢的那个却紧紧趴在母猴背上而安然无恙。所有动物学作品都有提及，许多图画也由此而来，还有许多道德和宗教的教诲。其中有一条很简单：父母应像基督普爱世人那样同等地爱每个孩子。另一条则稍复杂：母猴有两子，人也有两子——灵魂和身体，但人往往注重身体胜过灵魂，喜爱人间的财产胜过天国的宝藏。不过，猎人带着猎犬到来时，即死神带着恶魔出现时，人如果不想下地狱，就应放弃钟爱之子——身体，好好照顾被遗弃之子——灵魂。

希腊语《博物论》及其拉丁语仿写版都提到了捕猴的另一种方法：

> 这种动物十分顽劣，喜欢模仿，看见人做什么马上也会做什么。捕猴者取一些捕鸟用的胶，假装抹眼，然后走远藏好。猴就会出来，模仿刚才看到的也以胶抹眼，结果眼皮粘住看不见了，不知自己在哪里。此时猎人就可以靠近，用绳索套住它的脖子拴在树上。魔鬼也是个大猎人，用这种方法捉我们，带着罪恶之胶出现在世上，罪之于人如胶之于猴，都是死亡之兆。[21]

其他野生四足兽

中世纪的基督教动物图鉴通常把**骆驼**视为野生动物而不是家畜，但作者们其实完全知道骆驼可以被驯化，能驮人驮货，有许多用处，“阿拉伯的伊斯兰教徒由此得到许多好处”。动物图鉴有时拿骆驼与驴相比，但也说骆驼比驴顺从得多，会向主人下跪，驮人也很小心，任劳任怨，品德高尚，吃食又少，可以几天不喝水。发现泉水也会等牵骆驼的人喝完再喝，还会像大象那样先用蹄子搅一搅水，也许是因为不喜欢看到自己的倒影？

骆驼确实不好看，羊头细足，背上还有两个巨大的驼峰，其他动物都没有。因为长得丑，所以它很嫉妒马，马比它好看，还是它运人运物的竞争对手。不过骆驼也骄傲于活得比马久，它至少能活 100 年，有时更久，而且蹄子不会磨损，行走时不会打滑，所以也不用努力稳住。骆驼的身体结构和外表一样奇怪，上牙比下牙小，要长时间咀嚼才能把食物磨碎。更奇怪的是，它有四个胃，所有食物都要依次经过，所以消化时间很长。

有一种小型骆驼，只有一个驼峰，称为“单峰驼”。它跑得更快，但更懒惰，吃食又比双峰驼多，所以用处也更少，而且经常痛风而死。

骆驼交配欲望强烈，尤其是母骆驼，公骆驼不在的时候就去找诡诈的杂种——狮豹，偷偷交媾生下一种奇怪的生物，像骆驼一样高大有蹄，但毛色又像豹一样斑斑点点，这就是驼豹。其脖颈特别长，前脚比后脚短，所以很难长时间奔跑。它自认很美，十分骄傲。埃塞俄比亚人和阿拉伯人称之为“奥拉弗勒”（orafle）。

▲ **骆驼**（约1220—1230年）

动物图鉴有时也把骆驼称为“伊斯兰教徒之驴”，它通常被视为良善的，吃食少、勤劳、顺从、恭敬，发现泉水会让主人先饮。唯一的缺点就是丑陋，羊头、驼背、长足。

拉丁文动物图鉴，剑桥，菲茨威廉博物馆暨图书馆（Fitzwilliam Museum Library），手稿254，9页正面。

▽ **单峰驼**（约1450年）

动物图鉴对双峰驼说得很多，但对单峰驼就不怎么了解，仅把它看作小型双峰驼。它像马一样，奔跑很快，但懒惰又不驯。很少有作者提到它的驼峰。

拉丁文动物图鉴，海牙，梅尔马诺·韦斯特雷尼亚尼姆博物馆，手抄本10 B 25，21页反面。

s cameloꝝ minoris quidem
e et nomen hēt. Nam dromas

◄ **羚羊**（约1200—1210年）

羚羊是骆驼的近亲，长着两只可怕的角，上面还有锯齿，任何人和兽都不敢靠近。但它在河边饮水时这角倒成了负担，角会被河边的枝蔓缠住。它脱不了身，成了猎人的囊中物。

拉丁文动物图鉴，牛津，博德利图书馆，阿什莫尔手抄本 1511，14 页正面。

羚羊也常与骆驼相提并论。动物图鉴描写过好几种不同的羚羊，最主要的一种叫“安图拉”（antula），性子很野，残忍又可怕，跑得很快，长着两只角，上面还有锯齿，这就更危险了（在中世纪的认知中，锯是魔鬼的工具），猎人和别的动物都不敢靠近。它用角能锯断任何树木，迎战最强的野兽。有了这恐怖的武器，就不怕熊、狮子、野猪了。但它也会因为这角而遭殃，它渴了去幼发拉底河边饮水时，角会被错综繁茂的藤蔓缠住，它发出哀鸣，结果却引来猎人，最终死于猎人之手。这正代表受困于恶习的有罪之人，轻易地就被魔鬼抓住，只能任其摆布。

有些动物图鉴不区分羚羊和**羱羊**。羱羊其实更像野山羊而不是羚羊。它的两只角又长又直，还能救命。它在岩石间跳跃时会从山顶滚落，两只角先扎进土里就能起到缓冲作用。这两只角被比作《新约》和《旧约》，“上帝赐予人，用来与敌斗争”，但人却不好好使用。

野驴有时也被当作羚羊的近亲。它性子野而易受惊，无人能驯服，甚至无法靠近。它极为敏捷，能逃过猎人和大型捕食动物，尤其是喜食其肉的狮子。它十分奇异，喜欢寻找僻静之处，找到了就高兴地嘶叫；节操高尚，许多母的也只要一头公的；它精于天文和历法，日夜嘶叫报时。每年 3 月 25 日前一天，日鸣 12 次，夜鸣 12 次，以示春分到来，似乎在天使之前就宣告圣母即将怀上一子。

不是所有的作者都同意这种看法，有些把野驴看作无用、懒惰的动物，代表被享乐奴役的人，还有些说其骇人的叫声像恶魔的声音。春分时叫得那么厉害也是在烦恼白日变长，因为它和魔鬼一样更喜欢夜晚！还有些作者认为野驴并不贞洁，只是残忍善妒，公野驴不愿与同类分享母野驴。“教士”纪尧姆在《神圣动物图鉴》中也谴责道：

> 一群野驴仅有一雄。雌驴产子若为雌则罢，若为雄，其父会咬下其睾丸，因为它善妒，不愿小雄驴成年后与群中雌驴交媾。[22]

鬣狗比野驴坏得多，肮脏而凶残，总在墓地逡巡，挖尸体吃。这种杂合的动物“周身皆恶”，象背蛇颈，毛色可随意变化，便于躲藏。它能完美地模仿人声，像人一样说话。晚上，它靠近牧羊人睡觉的窝棚，呼唤其名，待牧羊人出来便吞食之。其目光可怖，狗看了动弹不得，马看了就会翻倒。鬣狗绕某动物转三圈能让它动弹不得。就连鬣狗的影子也能让其他动物麻痹或逃离。虽然有这么多危险，但人还是想捉鬣狗，因为它眼中有一块奇石，放在舌下便能知晓未来。

这还不是这种可怕野兽最奇特的地方。它诡诈到能随意改变性别，有时与狼交合，有时与狮交合。与狮交合生下的“狮狗”也能模仿人声，口中只有一颗牙，永不会钝。鬣狗双性代表人心口不一，一方面装作热爱上帝，一方面又崇敬魔鬼。

▸ **鬣狗**（约1195—1200年）

鬣狗不洁而血腥，会从墓地里掘尸体来吃，还诡计多端、恶习累累，能完美地模仿人声，还能随意改变性别，与狼交媾生下更坏的狼狗。

拉丁文动物图鉴，阿伯丁，阿伯丁大学图书馆，手抄本24，11页反面。

河狸不是雌雄同体，却因为睾丸招来灾祸。其睾丸药效甚强，十分难得。雄河狸眼看就要被猎人捉住时会自己咬下睾丸，并张开大腿给猎人看，表示不用杀它了。这种行为有“深意”。河狸代表有罪之人，被魔鬼追逐，为了逃生就要舍弃魔鬼酷爱的一切：交合、通奸、淫乱、贪食、酗酒。魔鬼得到了自己想要的，便会放了猎物。

▲ **猎河狸**（约 1260—1270 年）

动物图鉴所画的河狸与我们所知的几乎无关。猎人追捕河狸是要取其睾丸，因其药效众多。河狸为了逃脱，就自己咬下，把身体的这部分留给猎人。

拉丁文动物图鉴，巴黎，法国国家图书馆，拉丁文手抄本 3630，77 页反面。

如果说河狸是受害者，**刺猬**就不能算了。动物图鉴认为刺猬是一种有害的动物，“浑身粗糙生刺”，总要进葡萄园偷葡萄。葡萄成熟时，刺猬偷偷潜入葡萄园，摇葡萄藤让果子掉下来，然后在地上打滚，让葡萄扎在它的刺上，扎得满满当当就回窝里慢慢享用。刺猬是小偷，和《圣经》里的野猪一样，“糟蹋了天主的葡萄园”。动物图鉴把刺猬描绘成负面的形象，与我们今天所想相去甚远：

▼ **刺猬**（约1300—1320年）

动物图鉴中的刺猬并不是童书中那种温顺柔弱的小动物。它偷盗又吝啬，趁着夜色偷摘苹果和葡萄，借助身上的刺运回窝里。

拉丁文动物图鉴，剑桥，菲茨威廉博物馆暨图书馆，手抄本379，13页正面。

刺猬的窝在树丛中。它诡计多端，觅食十分机巧。葡萄成熟时小步走入园中，矫健地爬上葡萄最多的藤，大力摇动，让果实纷纷落下，待葡萄铺满地面便下地打滚，用背上细刺扎住葡萄，扎满就安然回到自己孩子所在的窝中。苹果成熟之时亦如此照做……

信基督者，明白事理，勿忘此例，应提防背信、狡诈、残忍如刺猬者，这就是一心要骗人的魔鬼。你有善行，他便伺机骗你，推你入罪恶之中，附于你身，毁你修为，糟蹋你的葡萄园和苹果树，如此从各方攻击你。[23]

松鼠也一样有害。在中世纪文化中，它并不是我们今天所知的可爱、欢快、有趣的小动物，而是14世纪时一本德语动物图鉴所说的“林猴”。[24]人们认为它懒惰、淫荡、愚蠢、吝啬，大部分时间都用来睡觉、嬉戏。另外，它还会存起比所需多得多的食物，这是重大的罪恶。它有时想不起藏在哪里，又证明它太过愚蠢。另外，它棕红色的毛好像犹大的头发，也是不良本性的外在标志。[25]

家养四足兽

马

驴

犍牛和公牛

山 羊

绵 羊

猪

狗

猫

狐 狸

黄鼠狼及几种半野生半家养动物

nere dicitur. Nichil au

ctis aialibz habent. Na

suos diligunt. Canu s

sagacius canibz· plus
soli sua nōia recogno

·家养四足兽·

△ **狗**（约1270—1275年）

拉丁文动物图鉴，杜埃，市立图书馆，手抄本711，14页反面。

中世纪动物学不是现代动物学，这需要再三强调。史学家如果不想犯以今度古的错误，就要按中世纪的分类来研究中世纪动物图鉴，不能按现代的分类，更不能按今天专业博物学家才知道的科学分类法，那会毫无意义。所以，在讨论家养动物的本章中，我们还会加入几种似乎不在此列的动物。中世纪乃至今天对本土动物和异域动物的划分不一样，对野生动物和家养动物的界定也不一样。

近两个世纪以来，动物学家和博物学家认为，人类掌控繁殖的物种才算“家养”。中世纪文化则不同，只要生活在家（*domus*）或家周围就算“家养”，不仅有猫、狗、家畜，还有老鼠、黄鼠狼、八哥、喜鹊、乌鸦，甚至鸡窝的常客——狐狸。

有些对我们而言完全是家养的动物在中世纪的看法中反而是野生的。公牛就是最好的例子。对于某些动物，雌雄会引出不一样的解读和教导。更有些动物是野生、家养都有，比如猪、驴、山羊。它们的本性模糊不清，特点纷繁众多，隐义模棱两可。

◄ **农场动物**（约1470年）

中世纪末期，大部分城市的城墙内依然有许多农场。动物白天出来在墙脚觅食饮水，晚上回到窝里。

皮埃尔·德·克雷桑（Pierre de Crescens），《乡野之益》（*Le Livre des Profits Champêtres*），尚蒂伊（Chantilly），孔戴（Condé）博物馆，手抄本164，121页正面。

▸ **马**（约 1240 年）

中世纪的艺术家很喜欢画马、雕马。马、狮、龙可能是中世纪表现最多的动物。鬃毛、尾巴还有雄性的睾丸总是画得很分明。这幅图中，彩绘师也很注意表现毛色，前景中的大蓝马身上有一团团白色，这在 13 世纪表示高贵，但到中世纪末这种意义就减弱了。

拉丁文动物图鉴，牛津，博德利图书馆，博德利手抄本 764，46 页正面。

pnuges uillose marinis ac dorsales ad f

Su
sa
gu
m
lu
tu
In
ta
no
fer
bu
m
m

◀ 林 神（约 1450 年）

中世纪图像中，林神有时会与半人马相混。林神浑身有毛，长着大胡子，还有一条长尾；半人马则上半身是人，下半身是马，但有时两者也会互借特征。某些动物图鉴说两者都很喜欢葡萄酒，喝多了眼神就“淫荡”。

拉丁文动物图鉴，海牙，梅尔马诺・韦斯特雷尼亚尼姆博物馆，手抄本 10 B 25，9 页正面。

马

西欧封建社会是马背上的社会，至少对贵族阶层如此。武功歌(chansons de geste)[①]和骑士小说都将马塑造得很崇高、很理想化，认为坐骑与主人紧密相联。文学作品中，大部分良驹都有名字，查理曼的马叫“腾森多尔”（Tencendor）[②]，罗兰的马叫“韦扬蒂夫”（Veillantif），叛徒加尼隆（Ganelon）的马则叫“褐斑”（Tachebrun），具有贬义。[③]纪尧姆・德・奥朗热（Guillaume d’Orange）[④]的马叫“博桑”（Baucent），“丹麦人”奥吉耶（Ogier le Danois）[⑤]的马叫“布鲁瓦福尔”（Broiefort），它与主人分离七年又重聚时喜极而泣，令人感动。以上都是战马（destriers），只在作战时才骑。阅兵或举行仪式时，骑士、贵妇、高级神职人员都骑一种华丽而轻快的小马（palefrois），远行时骑的又是另一种马（roncins），驮行李也有专门的马（sommiers）。

动物图鉴并未如此区分，最多将公马与母马、小马分开，有时甚至都不写马这种动物。里夏尔・德・富尼瓦尔的《爱的动物图鉴》就没有提到马。不把马当作动物，而视其为人的伙伴，地位特殊，介于人与动物之间，或是当作财产、劳动工具。中世纪的马和许多家养动物一样，是要干活的，装上鞍辔，驮人驮货，推磨犁地（其实犁地更常用牛），拉车

① 武功歌是 11—14 世纪流行于法国的长篇故事诗，以颂扬封建统治阶级的武功勋业为主要内容。

② 原书写“Tencedor”，拼写有误，应为“Tencendor”。

③ 查理曼麾下有 12 位骑士，追随他东征西讨。其中，罗兰因骁勇善战、为人正直而被称为最伟大的骑士。加尼隆在一次对抗异教徒的战斗中出卖了查理曼的军队，进而导致罗兰战死，所以被称为“叛徒”。

④ 纪尧姆・德・奥朗热（755—812 或 814 年），第二任图卢兹伯爵（790—811 年在位）。804 年，他建立了盖尔隆修道院（Abbey of Gellone）。1066 年，教皇亚历山大二世封他为“圣人”。他是武功歌中经常被歌颂的英雄。

⑤ “丹麦人”奥吉耶是查理曼的 12 位骑士之一。

载物，送信打猎。不过，中世纪的人不吃马肉，马从不会被宰杀供食用。

拉丁文动物图鉴几乎没有说到这些，但百科全书和纯粹的动物学作品有时会花些篇幅。13 世纪 60 年代流亡法国的佛罗伦萨人文学者布吕内·拉坦就在其《珍宝录》(*Livre du trésor*)中让人们不要混淆“打仗用的高大战马”“供轻松骑行的美丽小马”和“驮重物用的马”。他说：

> 战马应活泼好动，听见号角便想战斗。战士的喊叫令其激动，它会冲向敌人，以齿和蹄奋战，被打败时会感到懊恼，主人取胜又十分欢欣。它只让主人骑，若主人跌下马背便嚎啕大哭……有些马若换了主人便会恢复野性。[1]

14 世纪初有一本类似农学百科的书，1373 年，法国国王查理五世命令将其译为法文。作者皮埃尔·德·克雷桑更切实际，他说明了如何选一匹好马：

> 一匹好马应耳直而胸阔，臀大而圆，鬃毛浓密，脊柱短，脖颈粗而坚实，肋肋长而饱满，鼻孔张开，眼睛很大，前腿长而后腿稍短，蹄坚实，角质硬。另外还要步伐欢快，四腿抖动，这是力量的标志。[2]

真正的动物图鉴喜欢论说与道德、宗教更有关的特性。比如，雌马对小马十分关爱。在马群或马厩中，如果一匹雌马病了，无法照顾小马，其他雌马就会代为照顾。同样，若一匹雌马失去了孩子，就会马上收养一个。人若失去了后代，像“英国国王亨利一世”那样（指 1120 年“白船”海难。这艘船在诺曼底和英格兰之间沉没，亨利一世因此失去了所有子嗣。这导致了 15 年后的王位继承之争），也应该这么做。小马也会将所受的关爱全部回报给母亲，寸步不离，母亲走开一小会儿，它也会哀怨地嘶鸣。

所有中世纪的作者和古典时期的作者一样，都说母马性欲旺盛。如果母马发情，而又没有公马来满足它，它就会发疯发狂，还会去勾引驴子。驴子也很淫荡，会接受示好。母马的阴部会流出一种浅白色液体，其催情功效“人尽皆知”。多篇文章认为这种液体来自胎盘，刚生下小马的母马会将其抹在小马的额头，令其健壮而生殖力强。巫师和法师都找这东西来做药剂。多位国王因为用了这药才有了子嗣。13 世纪的百科全书作者有时会问哪种雌性动物交配欲最强。在野生动物中，第一是母狼，之后是母狮和母豹；在家养动物中，首先是母马，然后是母狗和母牛。亚里士多德就已持此看法。

中世纪象征体系经常以公马代表野性和骄傲。美丽的外表、驰骋的能力、奔跑时踏地的声音、风中飘扬的长长鬃毛都令它自豪，而剃掉鬃毛会令其悲伤，也会让它失去性能力。如果留好鬃毛并定期保养，它到40岁都还能生育。东方的某些马有角，比如亚历山大大帝的马——“布西发拉斯”（Bucephalus）。它多次与主人并肩作战，并数次救主人于危难之中。中世纪很崇拜亚历山大大帝，将其作为骑士型国王的完美代表，其声望也惠及坐骑，动物图鉴对此着墨甚多。东方的另一大奇观是半人马，上半身是人，下半身是马，战斗时十分勇猛，几乎战无不胜，除非让它们喝葡萄酒，它们喜欢喝醉（难道是与林神混淆了？）。

百科全书则对马匹的毛色论说很多，喜欢枚举各种颜色的隐义。白马当然最美最珍稀，但黑马也很珍贵，尤其是毛色黑亮均匀的，世所罕见，“价值甚高”。枣红色的马强大而有活力，跑得最快。灰马则慢悠悠的，适合节庆和表演，尤其是它的黄眼睛还常常像抹过粉一样。红棕色的马既不美丽也不忠诚，是狡诈之人和叛徒的坐骑。带斑点或条纹的马不纯洁，也没有光彩，半黑半白的灰马则最丑。在此又可看到中世纪文化对红棕色的憎恶，这是犹大头发的颜色。混色、杂色、斑点也同样被厌恶。

驴

动物图鉴写驴的篇幅往往比马长，但这可不是为了夸它，而是为了贬它。按动物图鉴的说法，驴很脏，粗心大意，懒惰健忘，顽固愚蠢，行动缓慢，步履沉重，淫荡癫狂。它还很胆怯，尾巴夹在两腿之间。它怕水，连桥都不敢过。要让它走，必须拍打或针扎。也有些作者认为驴有优点：朴实坚毅，吃苦耐劳，能长时间干活，又不需要很多饲料，也几乎不用照顾。另一些则同情它的命运，比如13世纪末一本洛林地区的佚名动物图鉴就写道：

► **劳作的驴** （约 1240 年）

和牛一样，中世纪的驴也要干许多活儿。装上驮鞍，它要载行李货品、庄稼收成，尤其是要把谷子驮到磨坊去。但它并未因此而受喜爱，反被打、被瞧不起、被羞辱，它有懒惰、固执、愚蠢、淫乱、肮脏等好几种缺点。另外，驴出了名地臭，画中的人就一边赶驴一边捂着鼻子。

拉丁文动物图鉴，牛津，博德利图书馆，博德利手抄本 764，44 页正面。

cionem seculi notat. Unde osee. Super equos non ascendemus quia nullum animal accomodatius humane superbie quam equus. Cervicem enim erigit et nichil magis displicet deo quam post peccatum cervix erecta. Equus ut dictum est cervicem erigit, iubas ventilat, cilia subrigit, labra contorquet, rotat capud, naribus fulminat, pretendit pectus et flexuoso sinuamine incendit. Hec omnia superbus quisque et lascivus in gestu exteriore pretendit. Equus animal impetuosum. Da spatium tenuemque moram male cuncta ministrat impetus. Tamquam equus anime sue iumentum dei est corpus humanum. Hic equus domandus, infrenandus, suffringendus est ut tantum sessorem composito vehat gradu. Equus animal calcitrosus. Incrassatus dilectus recalcitravit. Sed durum est contra stimulum calcitrare. Equus animal libidinosum. Tales illi de quibus scriptum est: Equi amatores in feminas unusquisque ad uxorem proximi sui hinniebat. In apocalipsi: Equus russus martir id est. Equus niger hereticus. Equus pallidus ypocrita. Horum omnium sessor est diabolus.

Mulus a greco tractum vocabulum habet eo quod iugo pistorum subactus tardas molendo ducat in girum molas. Mulus ex equa et asino nascitur. Mulus animal est immundum sterile et stolidum. Sic qui intus immunditia plenus est necesse est ut foris in bono opere sit sterilis. De talibus dicitur: Maledictus homo qui non reliquerit semen super terram. De stoliditate vero insipiencium dicit psalmista: Simul insipiens et stultus peribunt. Et: Utinam saperent et intelligerent. Nolite fieri sicut equus et mulus quibus non est

干了那么久的活儿之后，驴子死了。它做了那么多，人却连皮都不给它留下，剥了做成大衣，把尸体扔在田里，埋都不埋，马上被狗和狼拿来填了肚子。[3]

◄ **骡**（约 1220—1230 年）

中世纪图像中，骡子和马的区别仅在于骡子的耳朵尖而长（具贬义），尾巴大，像驴一样。动物图鉴说骡子强壮而吃食少，但和驴一样懒惰、固执、不听话，还是公驴、母马苟合所生的杂种，和所有杂种一样为人鄙视。

拉丁文动物图鉴，剑桥，菲茨威廉博物馆暨图书馆，手抄本 254，26 页正面。

但通常驴都被嘲笑贬低。它象征无知、懒惰、通奸。它叫起来只有两个音，于是人们推断它发不出其他音。它的性器官巨大，于是人们认为它很淫乱，不仅和母马交合，还和“身体头脑都发狂”的女人交媾。它和母马生下的叫骡子（mulet），动物图鉴说这名字表示“拉磨”（moulin）。有些作者说骡子比驴高大美丽，但比马丑陋懒惰，所有作者都说骡子无法生育。女人和公驴交合会生下一种半人半驴的怪物（onocentaur），性情淫荡，产于非洲，类似半人马。

动物图鉴对母驴的描写通常比公驴好些。喝驴奶能恢复力气和青春，用作油膏可令肌肤重焕光彩。另外，母驴也没有公驴那么愚蠢、懒惰，有些母驴还很出名。动物图鉴的作者会称赞《圣经》里的几头母驴。首先是预言家巴兰的那头，其故事记载于《圣经·旧约》的《民数记》，寓意深刻，布道者很喜欢讲述、评论，因为故事中被殴打、羞辱的可怜驴子竟比看得最清楚的人更明白，它看见了上帝的天使，预言家却看不见。①

耶稣诞生几天后，希律王下令杀死所有新生儿，圣家族为躲避士兵，骑驴逃往埃及。有些作者说这驴是巴兰之驴的后代，更有释经家说这驴又生下一雌驴，一样声名显赫，就是耶稣受难前进耶路撒冷所骑之驴。传说这头母驴毛色雪白，象征贞洁，而耶稣骑驴则代表贫穷和谦逊。随着时间的推移，这头有幸载过耶稣的母驴几乎被列为圣物，人们赞颂它，为它立族谱，还想象耶稣受难之后它的去向：离开弑神之城耶路撒冷，离开圣地，坐着一艘希腊的船逃到了意大利，最终在维罗纳（Vérone）②度过余生。至少从 13 世纪开始到 17 世纪，维罗纳都崇拜这头驴的骸骨。加尔文（Calvin）③多次提到

① 见《圣经·旧约·民数记》22：21—35。

② 维罗纳是位于意大利北部的一座历史悠久的城市。

③ 约翰·加尔文（1509—1564 年），法国的宗教改革家，加尔文教派的创始人。

这事，嘲笑、谴责这种荒唐渎圣的骸骨崇拜。

更出名的是和牛一起在牲口棚里观看耶稣诞生的那头驴。但若仔细研究起来，四部福音书都没有提到耶稣诞生时有牛或驴在旁观望。《路加福音》也只说约瑟和马利亚从拿撒勒到伯利恒去参加罗马皇帝下令进行的人口普查，路上进了一家旅馆却没有空房，只好睡在旁边的牲口棚里，马利亚在此生子，牧羊人和三博士先后来拜，再无更多叙述。其他福音书都未提耶稣诞生于牲口棚。要等到 4 世纪或 5 世纪，各种伪经，尤其是《托马太名福音》（*Gospel of Pseudo-Matthew*），才说有一头牛和一头驴观看耶稣诞生，并呼气温暖新生的婴儿，明白了这孩子就是救世主之后，便和马利亚、天使一样跪在他面前。

路加在公元 70 或 80 年前后以希腊语写作，他用“*phatnè*”这个词表示耶稣出生的地方。这个词指牲畜棚里的食槽，也可引申为整个牲畜棚。法文《圣经》里用的“*crèche*”一词源自日耳曼，是从法兰克语“*krippia*”一词来的，与上文的希腊词是同一个意思。很可能是先有了牛和驴围在食槽边的画面才有了文字书写。早期基督教图像需要某些特征来表明耶稣出生的地方是牲口棚。选择牛和驴是因为它们合在一起能完美地表明这一地点，单一个不足以说明，如果画上羊群又会让人觉得是在羊圈中，甚至在室外。既有牛又有驴才表明是牲口棚。它们先出现在早期的画中，后来才进入文字，又加上许多描写和评论，自加洛林时代起引出了许多新的图像和文字。

犍牛和公牛

基督教早期教父、神学家、布道者、百科全书作者，还有多位动物图鉴作者都问：为什么耶稣诞生的牲口棚里有牛和驴，它们在那里干什么？为什么是这两种而不是别的？为什么两种各一头？现代的史学家和释经家依然在问这些问题，而回答各种各样，主要有三种说法。第一种是站在历史角度，从实际出发，顺理成章：约瑟、马利亚带着牛和驴从拿撒勒到伯利恒，驴用来驮怀孕的圣母，牛用来支付约瑟要缴的税。也有人说罗马皇帝下令进行的

普查包括人口和牲口，所以约瑟和马利亚就带着他们的两头牲口去了伯利恒。

第二种说法明显更偏神学：耶稣出生时围绕在他身边的牛和驴预示后来和他同被钉上十字架的两个强盗。如果是这样，哪个代表悔改的好强盗？哪个代表坏强盗？牛和驴也常被解释为使徒想劝服皈依的两个“民族”，一个是犹太人，另一个是信仰多神教的民族，但哪个代表哪个，大家也莫衷一是。有些中世纪作者认为牛被栓在犁上，象征被栓在“旧法”上的犹太人，而浑身缺点的驴则代表多神教民族，喜欢偶像崇拜，满身罪恶。但更多作者持相反观点，认为牛代表外邦人（也就是多神教民族），因为外邦人经常对牛进行偶像崇拜，而愚蠢、固执的驴则代表犹太人，看不见真理，看不出基督就是救世主。

▲ **长角犍牛**（约1260—1270年）

动物图鉴、百科全书和农学作品将犍牛分为好几种。按它们的说法，最出众的是日耳曼牛，半野生，身材高大，角又长又直又尖。

拉丁文动物图鉴，巴黎，法国国家图书馆，拉丁文手抄本3630，83页反面。

第三种说法是牛和驴都象征某种品质。这似乎更贴切，后来的文章也持此说法。牛代表善，驴代表恶，因为牛耐心、勤劳、顺从，驴懒惰、顽固、淫荡。或者两者都是好的，都代表基督的某些特征，持这种看法的更多。和基督一样，两者都被虐待，都挨打而不抱怨，都是人之恶的受害者。这种解释随时间推移慢慢出现，到现代已被广泛接受，通行释经都持这种说法。

不过，中世纪末的耶稣诞生图像中，牛看着婴儿并呼气温暖婴儿，而驴把头转向一边只顾吃草、不拜救世主也并不罕见。动物图鉴和整个中世纪文化都认为牛优于驴。犍牛干活时更顺从，忠于主人，能忍受和其他牛一起。依西多禄还说，牛对一起干活的牛非常友好，如果“一起干活的牛死了，它就会不停叫唤以示悲伤”。[4]中世纪犁地拉车通常用两头牛，它比马耐劳，能去马到不了的地方。而且，牛还能预测天气，快下雨了就会回到牛棚或找地方躲避，雨快停了又会出来，比彩虹还早，因为它知道雨马上就要停了。

教过我们如何识马的皮埃尔·德·克雷桑在14世纪初也说了如何选出好用而健壮的牛。他从古罗马农学家和布吕内·拉坦那里借鉴了许多内容。半个世纪前，拉坦就说过和克雷桑几乎一样的话：

> 一头好牛应四肢粗壮，耳大额宽，额上的毛卷曲，眼睛和嘴唇黝黑，鼻孔大而开，前胸宽阔，可及膝盖，四腿紧实，蹄小尾长，尾上毛多。牛角不应弯成月牙形。脊背要长而厚，皮毛浓密。红色毛的牛最好，无杂点，或掺一丝白。[5]

多位作者提到，“在日耳曼之地”，有一种牛，性子很野，难以被捉住，

▲ **给母牛挤奶**（约1240年）

这个乡村生活的场景在中世纪图像中十分不寻常。那时母牛主要用于生崽（图右有一头小牛）和劳作（母牛也要犁地），并不用于产奶，喝奶、做奶酪主要用羊奶。

拉丁文动物图鉴，牛津，博德利图书馆，博德利手抄本764，41页反面。

牛的力气大到可把树连根拔起，十分凶猛，会毫不犹豫地攻击一整队骑士。这种牛还长着巨大的角。领主用餐时经常以这种牛角盛酒，可以强身健体。在东方生活着这种牛的近亲，名为“博纳肯”（bonnacon），身型巨大，牛头马鬃。强壮又暴躁，沉重却迅速。其角虽大，却因太过弯曲而不能用来防卫。它的防卫武器很特殊。猎人为了它珍稀的肉而追捕它，它就向后喷出“一大堆灼热呛人的粪”，臭不可闻，接触眼睛、皮肤则十分危险。这灼烧的粪便有时还会引起火灾，很难扑

灭，因为会不停自燃。某些现代学者认为这“博纳肯”其实是“野牛”（bison）的变形。亚里士多德就已描述过这种野牛。日耳曼牛其实是“原牛”（aurochs），几乎在中世纪早期就已从西欧消失，但波兰和立陶宛到 17 世纪初都还有。

母牛也能预报天气。扬尾三次则要下冰雹，叫四声则暴风雨将至，秋天产两子则冬天多雨，产一子则冬天短暂而温暖。和母马一样，母牛也性欲旺盛，总想着交配，四里之外就能听见公牛的呼唤，但大阿尔伯特告诉我们，公牛和母牛的交配短暂而暴力，“母牛受不了公牛阳具之硬，一得到公牛的大量精液就从它身下逃开。”[6]

不是所有的动物图鉴都会提到母牛与公牛的交配，有些对公牛只字不提，

有些则专门用一章写，但更倾向于将其当作野生动物，因其生殖力非饲养动物可比。公牛的血热而毒，很容易凝固，而犍牛的血不会凝固。公牛生性凶猛，很难制服。有些作者写到制服的方法，最奇异的是把它栓在无花果树上，此树性寒，会令公牛失去凶猛的活力。但最简单的办法还是阉割，尤其是趁年幼时，这样公牛就变成了平和温驯的犍牛。将公牛睾丸晒干捣碎，浸于蜜水之中，所得之饮味道虽不好，却

▲ **博纳肯**（约1450年）

“博纳肯”生活在东方，是野牛的近亲。身型庞大，牛头马鬃。巨大的角由于太过弯曲而不能用于战斗，所以它会用一种出人意料的武器保护自己，那就是粪便！被猎人追捕时，它会向身后喷出灼热呛人的粪，臭不可闻（画中的一个猎人就捂着鼻子），接触到眼睛和皮肤则非常危险。

拉丁文动物图鉴，海牙，梅尔马诺·韦斯特雷尼亚尼姆博物馆，手抄本 10 B 25，81 页正面。

▲ **公牛**（1260—1270 年）

中世纪的图像中，区别公牛与犍牛不在于牛角大小，而在于睾丸是否明显可见，有时公牛还有些许鬃毛，看上去像狮子。在所有家养动物中，公牛无疑最具“野性”。

拉丁文动物图鉴，巴黎，法国国家图书馆，拉丁文手抄本 3630，83 页反面。

能增强男人的性能力。

正如骑士比武以吸引美人，公牛也会互相争斗来赢得最好看的母牛。15 世纪，一本托斯卡纳的动物图鉴承袭埃里亚努斯的说法写道：“它们以可怕的角对顶，额头抵额头。打斗持续很久，最终被打败的一方退让，找地方躲起来，从此不再追求肉体之乐。”[7] 其实动物图鉴并不喜爱公牛，它如地狱猛兽。批评它性欲旺盛就可以给它一个负面形象，并提醒人们，贞洁之人比淫荡之人活得更好，只有贞洁之人才能上天堂。古典时代颂扬的公牛到了中世纪就名声不再。

这发生于何时非常清楚，在公元元年到公元 200 年之间。基督教建立之初的对手密特拉教在传播中复兴了克里特岛宗教和近东宗教中古老的公牛崇拜，并将其引入罗马帝国的中心。长久以来，公牛一直是被尊崇的动物，甚至被奉若神明，尤其是在地中海沿岸。对最早的基督徒来说，将这种敌对宗教高度崇敬的动物拉下神坛十分重要。于是，基督教把公牛描绘成恶魔般的动物。几个世纪内，公牛就变成了基督教中魔鬼的常见代表之一。

但基督教不可能把所有种类的牛都驱逐出去，所以公牛和犍牛有鲜明的区别，公牛暴力、血腥、淫乱，遭天主弃绝，而犍牛平和、耐劳、贞洁，非常有用。于是，《圣经》中的好公牛被基督教早期教父改为犍牛，比如以西结所见异象中的公牛[8]就于加洛林时期逐渐变为犍牛，它代表圣路加。公牛原先的象征意味在各处都渐渐减弱。比如，在集动物象征之大成的《列那狐的故事》中，公牛只是狮王的朝臣，名字也很可笑，叫“布吕央”（Bruyant，意为“吵闹”）。而犍牛在整个中世纪有了越来越明确的基督教意味，成为吃苦耐劳的象征。

山 羊

动物图鉴对母山羊的描述很少，对公山羊却滔滔不绝。母山羊虽常见又为人熟知，其特性却也有令人惊异之处。它用耳朵呼吸，把鼻孔堵上也不会造成不适；明处暗处一样能看清，有些母山羊相比白天还更喜欢晚上；它的牙齿有毒，对橄榄树等树木有害。母山羊很温顺，但很淫荡，有时会与公绵羊交媾，但母绵羊就从来不会和公山羊苟合。公山羊经常戴绿帽子，某些国家就把妻子出轨的男人叫作“公山羊”。15 世纪，一本卡斯蒂利亚（Castille）[①]的动物图鉴写道：“他们长着山羊角，被叫作‘大山羊’。”其他文章也把公山羊说得懦弱委屈，但其本性不是这样，公山羊血热，总在发情。这种贬低也许体现了地中海地区推崇公绵羊而鄙视公山羊的传统，放牧绵羊的人也鄙夷放牧山羊的人，牧绵羊的女子再穷也不会嫁给牧山羊的人。

生活在山区的雌性野山羊能给自己治病。感觉虚弱或被猎人的箭射伤时会去找“白鲜”（dictame），不用吃，只要碰一下就能疗伤治病。马鹿、黄鹿、狍子等动物亦然。据动物图鉴的说法，它们或多或少是山羊的近亲。动物图鉴还说雌性野山羊的眼睛能看穿一切，并从这一特性得出了出人意料的教诲：

① 卡斯蒂利亚，又译“卡斯提尔”，是西班牙历史上的一个王国。

有一种动物，希腊文叫“*dorcon*”，拉丁文叫“*capra*”。《博物论》说其喜欢在山坡上吃草。此动物视力出众，看得很远，能看清山谷间正在行走的人到底是猎人还是普通的旅人。

我主耶稣基督也同样喜爱高山，即先知、使徒、主教和遵守教规之人。《圣经·旧约》的《雅歌》写道：“他蹿山越岭而来。”①像山羊爱在山坡吃草一样，我主也爱在教堂中用餐，基督徒的善行和信众的布施即他的食物……也正如山羊从很远就能看清东西一样，上帝是世上一切知识、一切事物、一切生灵之主，他能看出谁能走得更远。他看见一切，掌管一切，守护一切。[9]

母山羊还有一种特性：会发羊癫疯。这种病在羊群里传播很快，因为它们习惯于一个挨着一个休息。病发频繁，发作时母山羊举止怪异，摇摇摆摆，突然变得无所畏惧，会义无反顾地冲上险路，平地之上却步履蹒跚。同样，它们有时会害怕毫不起眼的东西，却意识不到熊或其最大敌人——狼的危险。幸好，如果羊群中既有山羊又有绵羊，狼总是先捉小绵羊。博韦的樊尚（Vincent de Beauvais）告诉我们，狼这就错了，因为小山羊的肉更肥美，比小绵羊的肉好。[10]

△ **雌性野山羊**（约1200—1210年）

大部分动物图鉴区分野生和家养的雌山羊。野生的生活在山里，视力极好，还能自己找药治病，生病或虚弱时会食用一种叫作“白鲜”的神草（牛至的一种），吃完立刻恢复活力和健康。

拉丁文动物图鉴，伦敦，大英图书馆，王室手抄本 12 C XIX，14 页正面。

成年公山羊的肉则十分恶心。这是种污秽的动物，臭不可闻，似乎总在发热，其血热到可以熔化一切，包括坚硬无比的金刚石，可被用来治疗结石。其胆汁气味熏人，可用来治疗眼疾，加强视力。燃烧山羊角能驱蛇，但也会散发恶臭。

公山羊的主要特征是淫荡。和所有血热的动物一样，它追求肉体之乐，忍不住也停不下，遑论节制。一头公绵羊有 30 或 40 头母绵羊就够了，而一头公山羊要至少 100 头母山羊才能满足，有时甚至要 200 头或更多。它象征屈从肉体快感的男女。最后审判之日，这些人是要首先下地狱的，那里的毒蛇会吞噬其睾丸和乳房。从公山羊的眼中就能看出它的淫荡，目光歪斜不直，这是重大

① 见《雅歌》2：8—9。

罪恶的表现。在中世纪的认识中，一切歪的东西都是不好的，比如狐狸和小偷歪着走，说明心术不正。好的基督徒不应斜着走进教堂，这是很严重的过错，表示走进上帝的地方却不愿崇敬上帝，反要听魔鬼的魅惑之言。1000 年左右和罗曼时期很流行用拉丁文的“歪斜”（*obliquus*）谐音“恶魔”（*diabolicus*）。

动物图鉴的作者在福音书中也找到了山羊不如绵羊的证据，还有证明公山羊是恶魔的文字。首先是《约翰福音》中的好牧人比喻：“我是好牧人，我认识我的羊……”[①]更有《马太福音》[②]中对末日审判的宣告：

> 当人子在他荣耀里，同着众天使降临的时候，要坐在他荣耀的宝座上。万民都要聚集在他面前。他要把他们分别出来，好像牧羊的分别绵羊、山羊一般。把绵羊安置在右边，山羊在左边。于是王要向那右边的说：“你们这蒙我父赐福的，可来承受那创世以来为你们所预备的国……”王又要向那左边的说：“你们这被咒诅的人，离开我，进入那为魔鬼和他的使者所预备的永火里去。”

绵羊

大部分动物图鉴会用三章写绵羊，公绵羊、母绵羊、羔羊各一章。有些则以一章囊括，说绵羊温厚（这在中世纪的认知中很重要）、顺从、平和，为人类提供了许多东西，比如珍贵的羊毛。有些甚至论述了羊毛品质的不同，问白黑棕哪种最好。这方面的说法不甚一致，但似乎封建领主时代偏好浅色，要在牧场上用晨露漂白羊毛，到了中世纪末期则是黑色羊毛更受欢迎，尤其是伦巴第的羔羊毛，特别受勃艮第王室的青睐。不管怎么说，动物图鉴的作者一致认为绵羊毛色不同，叫声也不同，白的叫起来是“呗”！黑的叫起来是“咩”！[11]至少不是地方语言……

布吕内·拉坦曾说过怎么选好马、好牛，当然也不能少了绵羊。我们来听听他的建议：

---

① 见《圣经·新约·约翰福音》10 ：14。

② 见《圣经·新约·马太福音》25 ：31—46。

▲ **公绵羊**（约 1195—1200 年）

所有动物图鉴都说公绵羊力气大，充满活力，性欲旺盛。这幅画出自《阿伯丁动物图鉴》，佚名作者很好地表现了这些品质，他把羊画得如此狂放，都不能好好待在画框内了。

拉丁文动物图鉴，阿伯丁，阿伯丁大学图书馆，手抄本 24，21 页正面。

既然绵羊益处甚多，产奶可喝也可做奶酪，肉可食，羊毛可做衣，羊皮也有许多用途，一家之主选羊时就要选好的，要高大、轻盈、活跃，体长毛丰，毛白而厚，尾长额宽，阴囊垂坠。年岁要合适，八岁以下都能繁殖。同时也要特别注意毛色，如有斑点，则生下的小羊也会有斑点。白绵羊生下的羊羔可能是其他颜色，黑绵羊则不可能生下白绵羊。

另外，许多人说黑绵羊的叫声与白绵羊不同，牧羊人只听声音就能分辨黑白，黑绵羊叫起来是“咩”！白绵羊叫起来是“呗”！[12]

公绵羊的睾丸特别明显，在家畜之中数一数二。其角也很厉害，虽太过弯曲而不能刺穿东西，但还是能用作武器击退敌人，或与胆敢觊觎其母羊的其他公羊打斗。它的额头因为这角而坚如磐石。

有些动物图鉴的作者认为1头公绵羊配40头母绵羊，也有些说可配100头母的，因为公绵羊的性欲比母绵羊强得多。其睾丸相对身体过大，所以公绵羊有时也会成为淫欲的象征，但用公山羊代表淫欲更常见。往坏了说，公绵羊代表固执、盲目、愤怒、嫉妒，所有公绵羊都会在羊群中一遍遍数自己的母羊，如果少了一只就会十分不安：是跟着别的公羊走了？如果真是这样，它就会勃然大怒，但如果母羊只是掉队了或被狼叼走了，它就会告诉牧羊人。往好了说，公绵羊警觉、勇敢、充满生气、意志坚定。因其性欲旺盛，所以也代表强大的繁殖力。

发情期的两只公绵羊打斗起来十分凶猛，不顾一切，好像有虫子钻进了它们的脑袋，让它们的头很痒，只有打斗能解痒。这样也有风险，哪怕一只羊角有一点儿损伤，公绵羊就气力尽失，垂头丧气，再也勇敢不起来，而打斗中羊角受损是经常发生的事。另外，为了让公绵羊更温顺，牧羊人也习惯在左羊角靠近耳朵处打洞。冬天，公绵羊右侧卧睡，春分时翻身，接下来的几个月都左侧卧睡。中世纪文化通常认为左冷右热，所以在寒冷的冬天，公绵羊要用右侧躺着以取暖。

法国国王路易九世的好友、方济各会教士纪尧姆·德·吕布克（Guillaume de Rubrouk）比马可波罗还早半世纪就游历了亚洲。他说在鞑靼人处见过“一种叫作‘阿尔塔克’（artak）的动物，像体型很小的公绵羊，角又卷又长，可做容器”，以之饮酒可防一切毒。[13]

母绵羊非常温柔，但胆小又呆傻，从来不知道该走哪条路，也不能独立做决定，只会盲目地跟着牧羊人或公绵羊。狼若乔装打扮成牧羊人就能对其为所欲为。不过，母绵羊虽没有其他雌性家畜聪明，但益处甚多，产的奶可饮用也可做奶酪，肉可食，羊油、羊皮都有用处。最重要的是羊毛，“可制真毛呢”。但被狼咬过的母绵羊羊毛不可采用，上面长满了虱子。拥有许多母绵羊是财富的象征，领主和修道院就有许多，这也让他们能制造用于“写字绘画”的良本。母绵羊过着群体生活，互相爱护，共同防御猛兽。上帝就曾以此教育人类：“叫你们彼此相爱”，就像羊群中的羊。你们也要像它们一样为自己选一个牧羊人，因为所有羊群都需要一位向导。

和母牛一样，母绵羊也能预报天气，预见季节变化。感到冬季来临时，它便吃双份草料，“将养分储存在肚子里以应对严寒时节的不便”。中世纪时，人们很少喝奶，但经常食用奶酪，有新鲜的、发酵的、干燥的、盐浸的、添加蜂蜜或香料的。这些奶酪几乎都用羊奶做成。到18世纪，北欧和西欧才开始以牛奶取代羊奶，用于饮用或制作奶酪。

按动物图鉴的说法，羔羊是“地上所有动物中最温柔的”，没有角，不懂得防卫，“剪毛时也不出声，不反抗，什么都服从”。这是纯洁无辜的象征。在一大群羊中，羔羊仅凭一声叫喊就能认出母亲，而且几乎寸步不离。母亲也能在一大群外表、叫声都一样的羔羊中凭声音认出自己的孩子，对其无比温柔。同样，上帝也能认出我们中的每一个，并慷慨给予他的爱，我们也知道他是我们唯一的父。而母绵羊就象征温柔和仁慈。

春天出生的羔羊比别的更大、更肥，朔风劲吹时孕育的更是如此。最好在三四岁时宰杀。海边养的羔羊比乡下养的更可口。成年绵羊的肉更有嚼劲，“膻味更重”，更适合王公权贵的餐桌。

动物图鉴中的羔羊是基督教的那种，总指向耶稣、救世主。有些作者提醒说，在《圣经·新约》中，救世主就被称为“上帝的羔羊”，因为他承担了人类的罪，把自己献给上帝，以自己受难替人类赎罪。还有些作者表示，施洗者约翰在约旦河中为耶稣施洗时曾说：“这是上帝的羔羊。”① 大家都

① 见《圣经·新约·约翰福音》1：29，“次日，约翰看见耶稣来到他那里，就说：‘看哪，神的羔羊，除去世人罪孽的。’”

把羔羊肉看作受难基督的肉，呼应《圣经·旧约·创世记》中代替以撒被牺牲的那只公绵羊。但这些作者却不怎么提《圣经·新约·启示录》中的羔羊（共 28 处），羔羊是审判者、复仇者，会生气发怒，与邪恶、死亡斗争。

猪

动物图鉴并不认为家猪比野猪高级。12 世纪末一本英国的动物图鉴几乎为家猪建立了典型形象：

> 猪是一种不洁的动物，总用鼻子拱地寻找食物，一直看地，从不抬头看上帝，所以它象征爱世间财物胜过天国宝藏的罪人。公猪虽然听觉灵敏，却听不见上帝之言，宁愿听从口腹的不停召唤，象征不劳动、追求愉悦、永不满足的权贵。母猪生性淫荡，不知苦恼，生下的猪崽比奶头还多，经常吃污物腐尸，有时甚至以自己的孩子为食。[14]

中世纪末的百科全书和农学著作略不同，认为猪是有用的动物，不仅肉可食，其血、骨、毛、耳、肠、皮，甚至膀胱都有用处。而且猪还很勇敢，和近亲野猪一样。一群猪会一起反抗猛兽，保护猪倌。拉丁文动物图鉴认为母猪贪吃、自私，会吃自己的孩子，但某些作者受古罗马农学作品影响，认为母猪是模范母亲：

> 猪是一种温顺的动物，听主人的话，保护主人不受林中野兽的伤害。它用嘴勇敢击退强于它的动物。每天在地里能找到什么就吃什么，而且和狗一样，喂什么就吃什么。其脾性热情，听觉比人灵敏……母猪下崽很多，从猪崽一出生就对其照顾有加，细致周到，乳头不够猪崽分时就把自己的食物分给没有奶吃的小猪。[15]

实际上，中世纪的基督教对猪的态度模棱两可。《圣经》视其为肮脏恶心的动物，被恶魔附身。古希腊、古罗马文化则推崇它，将其献祭给神，猪肉也被视为上等食材，贵族的佳肴都以其制作。蛮族也同样推崇猪，在凯尔特和日耳曼神话中猪一直都是好的，象征财富、多产、繁荣。中世纪对猪的

◄ **家猪**（约 1195—1200 年）

图像中的家猪和野猪几乎没有区别，只能通过家猪没有鬃毛和獠牙这一点来分辨。中世纪画的猪比今天的高，不是白色、粉色，而是褐、棕、灰、黑色，或带有斑点。耳朵永远竖着，从不耷拉，尾巴“打卷”。

拉丁文动物图鉴，阿伯丁，阿伯丁大学图书馆，手抄本 24，21 页反面。

看法混合了这三种传统。

基督教早期教父及其后的动物图鉴都以《圣经》传统为主。不管从哪个角度看，《圣经》对猪的描写总是负面的。《旧约》认为猪是典型的不洁动物，被摩西律法定为禁忌之一，最能象征多神教世界和以色列的敌人。① 希伯来人一般不能当猪倌，那是最大的堕落。《新约》有一则浪子的寓言，也保持了这种态度，说的是一个人将家财挥霍殆尽后只得去放猪（《路加福音》15:11—32）。猪肮脏、贪吃、食腐，是魔鬼的动物。三本福音书都提到了耶稣和使徒在格拉森的故事：一个人被许多恶魔附身，无法正常生活，总是疯疯癫癫，住在坟墓里，也不穿衣服。耶稣命令恶魔从他身上出去，附在正从旁边山里经过的一群猪身上。恶魔照做了，原被附身之人恢复了神智，开始祈祷，而那两千多头猪从山崖跳下，落入了提比哩亚海之中。[16]

① 见《圣经·旧约·申命记》14：8，“猪，因为是分蹄却不倒嚼，就与你们不洁净。这些兽的肉你们不可吃，死的也不可摸。”

《圣经》中的这一段故事给中世纪的人留下了深刻印象。布道者和神学家的引用和评论更让猪成为魔鬼常见的代表之一。撒旦不仅会变作猪来引诱人类，还会像猪崽一样哼哼，也像猪一样喜欢在污物中打滚。对基督教而言，猪还是犹太教的象征。刚开始是讽刺，后来是人云亦云，动物图鉴的作者和画师一点点把犹太人鄙夷的动物变成代表犹太人的象征物。这种做法兴起于13世纪上半叶，那时基督教世界有闭关自守的趋势，不接受相邻的其他文化。讽刺犹太人是猪持续了好几个世纪，也印证了中世纪反犹主义的盛行。具体的图像表现形式有很多，有一种逐渐胜出：犹太孩子崇拜母猪，或喝母猪的奶。[17]

猪不仅代表魔鬼和犹太人，在动物图鉴中它还代表各种各样的缺点，其中许多在13世纪成为重大罪恶，比如肮脏、暴食、淫欲、愤怒、懒惰。有些作者还会加上愚蠢。康坦普雷的托马虽不喜欢猪，认为它“既残忍又肮脏，就喜欢待在泥里”，却也说猪的智力取决于月亮，因为猪脑属水，而一切属水之物都随月相变化而高低起落。身体的缺点与灵魂的缺点仅一步之遥，大部分动物图鉴的作者认为肮脏、贪食、懒惰、淫荡的猪象征沉湎于愉悦和污秽的罪人。

虽然猪有这么多缺点，但中世纪的基督教有时也把猪看得更加积极，不过，与犹太教、伊斯兰教不同，它们绝不会把猪视为好的。基督教中也有好猪，出自圣徒传记和民俗传说。猪可以是圣人忠诚的伙伴，比如被无数绘画表现过的圣安东尼的猪；也可以用以比喻小孩，比如圣尼古拉的故事。这个传说应是起源于洛林地区，说的是城中饥荒肆虐，三个孤儿请求屠夫收留，屠夫就把他们关起来，像对待猪崽一样，宰了扔在腌肉缸，然后又切成块想当猪肉卖给别人，幸亏圣尼古拉行神迹，画了个十字将他们复原，让他们又活了过来。

不仅圣徒传记中，别处也有拿猪与人相提并论的。比如，医学院及医学文章（这又影响了百科全书）就以猪代替人。中世纪的医生和古典时代的一样，也认为猪是“内部构造最像人的动物”。教会禁止解剖人的尸体，解剖学都是通过解剖猪来教的。14世纪初，蒙彼利埃（Montpellier）[①] 的教授和

① 蒙彼利埃是法国南部城市，位于地中海沿岸。

学生每年要用近 500 头猪。

猪不仅出现在医学院里，也出现在法庭上。中世纪经常把动物视为有道德、可教化的生物，因此动物也要为自己的行为负责。所以自 13 世纪中期起有许多起诉动物的案例，好像它们是人类一样。1266 年，圣热纳维耶芙修道院（Abbaye Sainte-Geneviève）的法官下令将一头母猪活活烧死，因为它被指控在丰特奈－欧罗斯地区（Fontenay-aux-Roses）①（属修道院管辖）吞食了一个孩子。1274 年，莫城（Meaux）旁的托尔西（Torcy）②也宣布将一头公猪烧死，因为它杀了猪倌。1408 年，在蓬德拉尔克（Pont-de-l'Arche，今厄尔省 [Eure] 境内），一头猪伤了小孩，致其死亡。案件审理了 24 天，猪一直被关在监狱里，最后在广场上被处决，不是烧死而是吊死。1497 年，在巴黎旁边的沙罗纳（Charonne），一头母猪伤了孩子。猪被打死撕碎，肉被弃置，其主人及妻子被判去蓬图瓦兹圣母院（Notre-Dame de Pontoise）祷告，"要在圣灵降临节去，并要高呼：'我主仁慈！'还要带证明回来"。[18]

不仅猪会受审判，狗、马、驴、牛等也会，但牵涉猪的案件最多，这既是因为猪到处乱跑造成了许多事故，也是因为人们认为猪与人类最接近。

狗

拉丁文动物图鉴中，写狗的章节和写狮子的章节都是最长的，不过《博物论》却没有提到狗，但古希腊和古罗马的作者，还有《圣经》和基督教早期教父都对此论述颇多，经常说狗如何不好，不洁、肮脏、粗野、淫乱，就算不是大逆不道也是薄情寡义。百科全书和中世纪动物图鉴也都如是说。但狗也是一种聪明、亲人、勇敢的动物，是讨喜的伙伴，有时还是朋友的典范。因此，狗在中世纪象征体系中的意义有好有坏，随时期不同而不同，中世纪早期多是负面的，到了现代初期多是正面的。日耳曼武士和古罗马

① 丰特奈－欧罗斯是位于今巴黎西南部郊区的市镇。

② 莫城和托尔西都是位于今法国塞纳—马恩省的市镇。

猎人喜欢猎犬，16 世纪的人们找各种各样的狗作为宠物，或大或小，或温顺或凶猛。狗随着时间而逐渐被推崇，动物图鉴在其中起到了重要的作用。

当然，所有动物图鉴也都花了很大篇幅揭露狗的诸多严重缺点。这是一种令人作呕的动物，喜欢在污秽中打滚，以腐尸为食，不停啃不停吐，吐了又吃回去。它象征已经忏悔过罪恶却又再犯，甚至过错更严重的罪人。狗贪食，不停乞求食物，毫不犹豫地以其他动物的尸体为食。最后，狗还十分好色，“总在嗅其他狗臀部的羞耻之处”[19]，一心只想着交配。公狗会和最淫荡的雌性动物母狼交媾，有时甚至还和雌虎交合，生下的怪物能击杀狮子、大象。公狗和母狼生下的杂种野性十足，叫作“狼狗”，比其他狗更容易染上狂犬病。王室神父让·科尔伯雄曾奉法国国王查理五世之命翻译“英格兰人”巴塞洛缪斯的百科全书《事物特性》。他于 1372 年十分写实地描绘了感染狂犬病的狗：

> 感染狂犬病的狗总是四处游荡，见人便逃。步履蹒跚，如同醉酒一般。嘴巴张开，舌头垂坠，口吐白沫。两眼通红后翻，耳朵耷拉着，尾巴夹在两股之间。它就算睁着眼睛也会认错路上所遇的一切，人和树、石头和马都分不清，会朝着自己的影子狂吠，还会对着月亮嚎叫，好像月亮是它的敌人。别的狗都躲着它，也不吃它碰过的肉。被患有狂犬病的狗咬是十分可怕的事，被咬者会变得畏畏缩缩，什么都怕，还会无缘无故地发怒，四处张望却又不愿别人看他。畏水，憎恨一切饮品，像狗一样吠叫。不经有效救治就会死亡。[20]

不过，也有许多动物图鉴赞扬狗的优点，比如记忆力好、聪明、勇敢、嗅觉灵敏，最重要的是非常忠诚。狗能放牧，听得出人在叫它，会保护主人及其财产，还能看家护院。如果主人不见了，狗会四处寻找，以为主人死了还会哭泣。动物图鉴的作者引用了各种谚语、俗语来佐证，猎犬狩猎的文章中则更多，比如“狗善记忆”“狗强大又善良”“狗忠于主人”“狗能识途”“没有比狗更聪明的动物”。某些传说故事也被用作证据。加拉曼

◀ **狗**（约 1195—1200 年）

中世纪的狗并不总是我们今天所知的忠实伙伴。动物图鉴说狗有许多“特性”，有好的，比如勇敢、忠诚，也有坏的，比如肮脏、淫乱、愚蠢。上两格画的是一只狗正在桥上吃一块肉，看见水中的倒影竟放下真正的肉去抢水中的肉。

拉丁文动物图鉴，阿伯丁，阿伯丁大学图书馆，手抄本 24，19 页正面。

特人（Garamantes）[①]之王的故事就被用来证明狗对主人的爱。这位东方的君主被敌人擒获，要当作奴隶贱卖，他的200条狗集结成军来解救他。还有耶孙[②]之狗的故事，主人死后狗也绝食而亡。国王利西马科斯（Lysimaque）[③]被放在火化堆上时，他的狗也跳入火中，随他而死。最常被提到的轶事发生在安提阿（Antioche）[④]。一天傍晚时分，在城中一个偏僻的街区，一个遛狗的人被杀了，狗守着尸体悲鸣到天亮，终于有人发现，引来许多人围观。凶手是死者手下一个贪财的士兵，也混在人群中，假装怜悯死者的不幸遭遇，但他没料到，狗扑向他，掐住咽喉不放，死命吠叫，要引起围观者的注意。周围的人终于明白了狗这样做是什么意思。他们把那士兵押到法官处，在严刑拷打之下他终于承认了罪行。

布吕内·拉坦综合了前人关于狗优缺点的所有说法，还在其《珍宝录》中描述了13世纪60年代在法国和意大利最常见的狗品种：

> 家养品种的狗各式各样。有体型稍小的，适合看家，还有更小的，鼻子塌陷，可以守卫房间或夫人的床铺……人们经常将狗耳朵拉长，因为耳朵牵拉着更好看。短毛猎犬也有垂耳的，体型大得多，十分适合打猎，能闻出野兽和鸟类的气味。喜爱狩猎之人应该对其怜爱有加，并要注意不能随便配种，血统纯正才能保持嗅觉的灵敏。
>
> 有一种猎犬，叫做“segus”，意为“追逐”，因为它们会对猎物穷追不舍。其中有一些能牢记幼年所学之事，于是有些猎犬专门猎鹿等生活在树林中的动物，有些水性很好，专门猎水獭、河狸等生活在水里的动物。还有些更轻巧迅捷，能追咬猎物。
>
> 獒则是另外一种，又高又壮，力气超群，能捕狼、野猪、熊等一切大型动物，甚至能联合起来顽强地对抗人类……不久前在香槟地区（Champagne）[⑤]，所

① 加拉曼特人是北非古代民族之一，主要分布在今利比亚费赞地区。

② 耶孙是《圣经·新约》中的人物。

③ 利西马科斯（约前360—前281年），曾是马其顿军官，于前306年成为色雷斯、小亚细亚和马其顿的统治者。晚年在马其顿王国的内战中战败而亡。

④ 安提阿也就是现在的安塔基亚，今土耳其南部的城市。

⑤ 香槟地区在法国巴黎以东，兰斯市周围。

有的獒聚集在一处打斗，甚为激烈，以致全部死亡，无一幸免……

狗的种类除了以上列举的还有很多，篇幅所限，不再赘述。[21]

猫

与我们习惯认为的不同，中世纪的教士其实并不喜欢猫，至少写书的那些不喜欢。他们认为猫和残忍狡诈的狮豹是近亲，猫的头、耳、爪都和狮豹一样，只不过猫比狮豹小。但猫更神秘、更让人不安。它到底是什么？从哪里来？知道什么人不知道的事？动物图鉴和百科全书都说猫会巫术，能知未来，却一言不发，假装不知道，事故和灾难之前又会有所行动，很虚伪。猫还能夜视，这正是狼、狐狸、猫头鹰、蝙蝠等地狱生物的特点。猫的眼睛在黑暗中闪闪发光，好像炭火在燃烧。夜里，所有虔诚的基督徒都要依上帝的命令闭眼睡去，不睡的一定在做坏事，在施魔法，甚至是在搞异端，比如“清洁派”（cathares）[①]，从名字就可以看出夜间集会时敬奉猫（catus）。还有些去参加黑弥撒，嘲讽贬低基督教仪式中的动作和话语，不崇拜羔羊而崇拜公山羊，崇拜其身体和气味。上文已经说过，公山羊因为膻味浓重、羊角尖利、体毛过厚、性欲旺盛而被动物图鉴所不齿。还有些崇拜真正的撒旦化身——大黑猫。猫和公山羊都是巫师最爱的动物，尽管与巫术有关的动物很多，比如和猫一样夜行的动物、毛色发黑的动物（乌鸦、黑公鸡、黑狗）、黏糊糊的动物（癞蛤蟆和蛇），还有些杂合而成的动物（巴西利斯克、龙、林神）。

但有些作者也承认猫有优点。它虽然怕水，但很爱干净，会把排泄物埋在土里，不喜欢臭味，总是离恶心的地方远远的，狗却喜欢找这样的地方。15 世纪，一本托斯卡纳的动物图鉴说，因为这种不同，猫狗自古是仇敌。文艺复兴时期，对撰写纹章和族徽书籍的人来说，如果在一处既有猫又有狗，那就是说此仇不共戴天。

另一个优点是母猫不好情欲，不以交配作为快感的来源，反而会在与公

① 清洁派是 12—14 世纪在南欧，尤其是意大利北部和法国南部兴盛的基督教异端教派之一。

▲ **猫和老鼠**（约1230—1240年）

画师有时很难把猫、猴、松鼠区分开，尤其是把猫画成坐姿时，但有个办法可以表明这是猫，那就是在旁边画一只老鼠。不过老鼠也不好辨认，只能通过旁边的奶酪来确定。在中世纪图像中，要一环扣一环地识别动物。这幅图就是最好的例子：奶酪说明旁边是老鼠，老鼠说明旁边是猫。

拉丁文动物图鉴，伦敦，大英图书馆，哈雷手抄本4751，58页正面。

猫交配时痛苦地呻吟并退缩。它叫唤完全不是因为享受，而是因为痛苦。据说公猫的阴茎有倒刺，会让母猫流血。母猫发情时仍然会表现得很挑逗，但这是为了生小猫，不是为了满足性欲。母猫是个好母亲，疼爱自己的小猫，照顾它们，保护它们，抵抗捕食者。如果觉得小猫有危险，母猫就会叼着它们的脖子将其一个个转移到别的地方。但也有些作者说母猫会吃小猫，如果产子太多，导致自己虚弱而可能死去，母猫就会吞食一只小猫以恢复健康。人们认为母狼、母狗、母猪也都有这样的习性。

随着时间的推移，人对猫的态度转变了。中世纪早期，虽然时不时也有反例，但大家几乎都不喜欢猫，觉得猫不可信任，将其拒之门外，认为它会带来不幸。而且猫又很警惕，抚摸它都不容易，更不用说戴项圈了。俗语“给猫戴铃铛”就表示要做不可能的事。布道者兼神学家切里顿的奥登(Odon

▼ 伺机捕猎的猫
（约 1300—1320 年）

一直到 14 世纪，猫都是不被信任的动物，尤其是黑色、棕色、带条纹或有斑点的猫。灰猫似乎最受推崇，但要等到中世纪末期，猫才会真正受到人们的喜爱，变成我们今天所知的宠物。

拉丁文动物图鉴，剑桥，菲茨威廉博物馆暨图书馆，手抄本 379，12 页正面。

► **猫的夜行**（约1240年）

图中的星星和弯月说明这是夜间，猫在此时捕鼠、捉宠物鸟。它的毛色黑亮或带有虎纹，眼睛在黑暗中也能看见，又喜欢靠着火取暖，因此人们觉得这是一种恶魔般的动物。

拉丁文动物图鉴，牛津，博德利图书馆，博德利手抄本764，51页正面。

de Chériton）于1230年左右编撰了一本教化基督徒的寓言集，其中一则小寓言写道：

> 一天，老鼠们开大会，想找个办法防着猫。最聪明的老鼠说："给它脖子上系个铃铛，这样它走近时我们就能听见了，就能防止被捉。"大家都觉得这个办法好。只有一只胆小的老鼠问："谁去给它戴铃铛呢？"另一只回答："反正我不去，打死我也不靠近它。"所有老鼠都这么想。[22]

中世纪末期，这样的疑虑不复存在，猫受到推崇，登堂入室，从某些角度说甚至已成为日常生活中我们所熟知的那种动物。这样的变化意味着什么？何时发生的？背后的原因又是什么？

这个变化应该发生于14世纪，确切地说是黑死病大流行之前。这种可怕的传染病在四年之内（1346—1350年）就消灭了欧洲1/3的人口。当时的人们模糊地意识到老鼠在瘟疫的流行中起到了一定作用，也发现在捕鼠中猫比驯化过的黄鼠狼更管用。自古典时代起，人们都驯养黄鼠狼来捉老鼠。于是，14世纪后半叶，人们对猫的看法改观了，不管是茅屋还是城堡都欢迎猫进入。这种之前令人不安的动物与人的关系也紧密起来。图画也能佐证，经常画猫在炉前取暖，或在床脚休息。这类主题贯穿了整个现代。

百科全书也体现了猫的地位变化。中世纪末期的百科全书谈到猫比封建领主时代的动物图鉴更接近现代：

> 猫的颜色多种多样，有白、黑、灰、棕，有些带斑点，还有些有条纹。足和头类似豹，但耳更小。年幼时活力十足，看见什么在面前动都会去捉，还会玩自己的尾巴。年老时身体沉重而疲惫，整日睡觉，设陷阱捉老鼠，更依靠气味而不是视力，因为视力已下降。捉到老鼠要玩弄很久才会吃。如果把猫从高处扔下，它总是四脚着地，不会摔伤。猫屎奇臭无比，所以它会把粪便埋在地里，并用土盖上。猫也经常因毛色漂亮招来灾祸，会被

Musio appellatus quod muribus infestus sit. Hunc vulgus catum a captura vocant. Alii dicunt quod captat id est videt. Nam tam acute cernit ut fulgore luminis noctis tenebras superet. Unde a greco venit catus id est ingeniosus. apotoykagestai.

Mus pusillum animal grecum illi nomen est quicquid vero ex eo trahitur latinum fit. Alii dicunt

mures quod ex humore terre nascantur. Nam mus terra. unde et humus. Huius in plenilunio iecur crescit. sicut quedam maritima augentur. que rursus minuente luna deficiunt. Sorex latinum est eo quod rodat. et in modum serre precidat. Antiqui autem soricem sauricem dicebant.

捉去剥皮。[23]

狐 狸

如果说猫总是鬼鬼祟祟，那狐狸就是诡计多端。所有动物图鉴、百科全书、寓言故事、俗语谚语都这么认为。很难在中世纪文化中找到比狐狸还阴险狡诈的动物，它棕红色的皮毛就是诡诈特性的最明显标志。

在中世纪的符号体系中，几乎所有颜色都有双重性，有好的一面也有坏的一面，但有一种颜色只代表坏，那就是棕红色，它兼有红、黄的坏。这是说谎者、伪君子、恶人的颜色，比如《圣经》中的该隐、大利拉、扫罗王，骑士小说中的加尼隆（《罗兰之歌》中的叛徒）、莫德雷德（Mordret，亚瑟王传说中的叛徒）等。最重要的是，这还是犹大的颜色。虽然福音书并没有描写犹大的外貌，但从加洛林时代开始，文章和图画经常将其描绘为长着棕红色的胡子和头发。狐狸就符合这种形象。

由于篇幅所限，这里不能详述《列那狐的故事》。它真可谓研究动物象征性的“实验室”。这部作品共 27 组诗，基本互相独立，作于 12 世纪后期和13 世纪前期,戏仿武功歌,叙述了一只狐狸的历险。它名为“列那”(Renart)，狡诈又爱吵架，比其他动物都机灵。虽然有时会败给比它弱的动物（比如山雀），但总能战胜比它强的。它诡计多端又果断坚决，符合古代传说中的狐狸形象，也和 12 世纪及 13 世纪大部分的动物图鉴、百科全书一致。这些书都说狐狸毛色棕红，这种可怕的颜色代表虚假和背叛，这也是叛徒中的叛徒列那经常要隐藏的。

除了毛色棕红，动物图鉴还说狐狸不会直着走，总是兜着圈走，从不直白，充满心机，和所有魔鬼的动物一样喜欢夜晚而不是白天。有些作者承袭依西多禄的说法，认为拉丁文的“狐狸”（*vulpes*）来自形容动物绕圈走的短语“*volutans pedibus*”（意为“以足旋转”）。这种望文生义的说法如今令人莞尔，但在中世纪文化中完全可以接受。那时认为事物的名字即表示其本性，研究名字的由来就能找出事物的真相。从不直着走、总是绕着走的狐

狸不仅步履飘忽，而且心机深重。罪人也是一样，生活中总喜欢走旁门左道，从不正视信仰的真谛，对上帝的呼唤充耳不闻。有些人像狐狸一样伪善，也会去教堂，却侧着进入，这是重大的罪过。

动物图鉴的作者说起狐狸的诡计来滔滔不绝。下面便是最常被提起的，取自"教士"纪尧姆于1210年左右编撰的《神圣动物图鉴》：

▲ **狐狸的诡计**（约1240年）

狐狸诡计多端，尤其是饿了的时候。画中，狐狸正在装死，待鸟儿接近就一口咬住，叼到一旁吞食。这幅画将同一个场景的先后画在一起，这是一种常用的手法。

拉丁文动物图鉴，牛津，博德利图书馆，博德利手抄本764，26页正面。

狐狸心机深重。找不到猎物而饥饿难耐时，便去红土上翻滚，令身上沾满红色，如同鲜血。然后悄悄走到林中空地，躺在地上，让鸟儿能清楚看见。

它屏住呼吸，令肚子好似膨胀僵硬了，舌头也吐出口外。如它这般精通欺诈之道，还会闭上双眼，露出牙齿，摆出扭曲的面相。狐狸就这样骗过鸟儿。鸟儿见它如此瘫着，以为死了，毫不怀疑，便落在它身上用喙啄它。狐狸感到鸟儿靠近嘴巴时便一口将其咬住，然后连骨带肉吞下。

精通欺诈之道的狐狸就代表经常折磨人类、不停令人相争的魔鬼。它每日附于我们，寻找猎物，假装死了来吸引我们靠近。[24]

黄鼠狼及几种半野生半家养动物

中世纪的**黄鼠狼**是家养动物。古罗马人就已开始养黄鼠狼。人们驯养它，放在家里捉老鼠。如此贴近日常生活也并没让它更好地为人所知。多本动物图鉴继承了古典作者的说法，认为黄鼠狼在口中怀胎，从耳朵产子，还有些则认为正相反，是在耳朵里怀胎，从嘴巴生子，不过这样认为的较少。大家都认为黄鼠狼克蛇，能捕蛇吃蛇，甚至还能与可怕的巴西利克斯为敌。这种鸡头蛇身的怪物仅凭目光就能杀人，却害怕黄鼠狼，所以黄鼠狼真是神奇的动物，能保护人们免受伤害。它还知识渊博，能识药草，中了蝰蛇之毒就会吃大量益处甚多的芸香来解毒。如果其子被蛇咬而死去，它还会用另一种植物让孩子起死回生。那是一种红花，采于附近林中，放在小黄鼠狼口中便能让它活过来。这里可看出红色意味着复活，这种花就是十字架上的基督之血。

从 13 世纪开始，有些百科全书开始怀疑黄鼠狼的某些神奇特性。比如布吕内·拉坦就在其《珍宝录》中写道：

黄鼠狼是一种比鼠长的小兽，能捕鼠和蛇。与蛇相斗时经常取一株芸香来食以防中毒，吃完再继续战斗。

▸ 猫、鼠、黄鼠狼和鼹鼠
（约 1180—1190 年）

古罗马时，黄鼠狼是一种家养动物，用来在屋里捕鼠捉蛇。中世纪依然如此，但人们渐渐发现猫更管用，所以逐步用猫代替了黄鼠狼，后者就变成了略显神秘的动物。人们认为它用耳朵孕育，从嘴巴产子，还能令死胎复活，识得许多药草，会些巫术。狗害怕它们。

拉丁文动物图鉴，伦敦，大英图书馆，手抄本 Add. 11283，15 页正面。

rapit spes eorum in partu qualitate. In animantibus bigenera dicuntur qui ex diversis nascuntur, ut mulus ex equa et asino. burdo ex equo et asina. ibride ex apris et porcis. tytirus ex oue et yrcho. musino ex capra et ariete. Est autem dux gregis.

Musio appellatur quod muribus infestus sit. Hunc vulgus catum a captura vocant. Alii dicunt quod captat, id est videt. Nam tanto acute cernit, ut fulgore luminis noctis tenebras superet. Unde a greco venit catus, id est ingeniosus.

Mus pusillum animal grecum nomen est. Quicquid enim ex eo tractum fuerit latinum fit. Alii dicunt mures quod ex humore terre nascantur. Nam humus terra, unde et mus. His in plenilunio iecur crescit, sicut quedam maritima augentur, que rursus minuente luna deficiunt.

Mustela dicitur quasi mus longus. Nam telon grece longum dicitur. Hec ingenio subdola in domibus ubi habitat cum catulos genuerit, de loco in locum transfert, mutataque sede locat. Serpentes autem ac mures persequitur. Earum genera sunt. Altera enim silvestris distans magnitudine, has greci ictidas vocant; altera in domibus oberrans. Quidam dicunt eas aure concipere et ore generare. E contrario quidam dicunt eas ore concipere et aure generare. Dicuntur etiam perite medicine esse, ut si forte occisi fuerint earum fetus, si invenire potuerint, redivivas faciant. Significant autem aliquantos qui libenter quidem audiunt divini verbi semen, sed amore rerum terrenarum detenti postponunt, et dissimulant quod audierint.

Talpa dicta quod sit dampnata cecitate perpetuis tenebris. Est enim absque oculis, semper terram fodit et

◄ **野兔**（约1240年）

动物图鉴和百科全书几乎都不推崇野兔，其优点只有多产和快速。不过，它虽然跑得快，却从来不跑直线，这是罪恶的标志。另外，它还胆小、懦弱、懒惰，最重要的是还十分淫荡。某些作者说它雌雄同体，每只都兼有雌雄两性的性器官，自己和自己就能生孩子。还有些认为它随时间改变性别，一年中4个月是雄性，8个月是雌性。

拉丁文动物图鉴，牛津，博德利图书馆，博德利手抄本764，26页反面。

但要知道其实有两种黄鼠狼，一种住在家中，一种生活于田野。据有些人说，两种都在耳中怀胎，从口中产子，但说这不对的人也很多。不管怎么说，黄鼠狼经常把幼子从一处挪至另一处，以避免被人发现。但如果幼子还是死了，许多人说黄鼠狼能让它们起死回生，却说不出如何做到。[25]

动物图鉴有时把**老鼠**归类为“虫”，而不是四足兽，也赋予了它许多惊人的特性：由腐土而生，一喝水便会死去，其粪便混上醋可治脱发。另外，老鼠总想着交配，1只母的每晚要与10只公的交配，一胎能产300只。母老鼠每日食量达体重的40倍，最爱吃奶酪，小老鼠也一样贪食。田鼠则更能吃，成群结队地行动，毁坏庄稼，导致歉收。虽然猛禽也会捕食它们，但并不足以将其消灭，要靠主教来驱逐！

方济各会传教士波代诺内的奥多里科（Ordéric de Pordenone）[①]在1318—1329年间游历了亚洲。他说在印度大象也怕老鼠，这个国度的老鼠和狗一样大，也正是狗负责捉老鼠，黄鼠狼和猫都太弱小了，不能胜任。

百科全书作者认为有两种**白鼬**与黄鼠狼类似。第一种很难驯服，但能消灭菜园里的众多兔子，不让它们偷菜。会一直追到兔子窝，抓住兔子时不食其肉只饮其血。第二种住在寒冷之地，是黄鼠狼的近亲，和黄鼠狼一样捕食老鼠和鼹鼠。腹白如雪，只有尾巴尖是黑的，皮毛很受皮草商欢迎。他们在白底之上做小簇黑毛，制成大衣卖给王公贵族。

这种皮毛在中世纪末期十分昂贵，比松鼠皮贵，但没有华丽的紫貂皮贵。15世纪初，黑色在教职人员中流行起来，做1件宽袖大衣平均要用1000只黑貂的皮。

水獭以草和鱼为食，人和动物被它咬了会中毒。多明我会的百科全书作者康坦普雷的托马认为水獭象征着贪婪，因为它“把捉来的鱼屯在窝里，比能吃掉的还多”。水獭和松鼠一样贪得无厌，喜欢囤积东西，但和松鼠不一样的是，它记得东西存在哪里。它窝里的食物腐败变质，弄得四周臭气弥漫，循着这气味便可将其捉住。捉它是因为可以驯化。某些自称旅行家的人说在东方看见过家养的水獭，能替主人捕鱼，效果甚好，人称“河狗”。在列日避难的神秘英国医生约翰·曼德维尔（John Mandeville，卒于1372年）写过一本游记，讲述他在亚洲的旅行，但他可能从没去过亚洲。他在其中说，曾看见“伊西斯（Isis）城的人有一种神奇的小兽，想要鱼时将其投入水中，那小兽便会捉来它能找到的最肥美的鱼”。[26]

---

① 波代诺内的奥多里科（1286—1331年），中世纪晚期意大利的方济各会传教士、探险家。他所描述的游历中国的经历是英国作家约翰·曼德维尔所写游记的主要资料来源。

鸟 类

鹰

隼

乌 鸦

白 鸽

天 鹅

公 鸡

鸵鸟、鹤、鹳

几种常见鸟类

几种奇异鸟类

domino salvatore ad salvandos eos repulerunt eum dicentes. Non habemus regem nisi cesarem. et plus dilexerunt tenebras quam lucem. Tunc dominus convertit se ad nos gentes. et illuminavit nos sedentes in tenebris et umbra mortis. de quibus dicitur. Populus quem non cognovi servivit mihi. Et in alio propheta. Vocabo plebem meam non plebem meam et cetera. Et de populo iudeorum Filii alieni et cetera.

Bubo a sono vocis compositum nomen habet. avis feralis. onusta quidem plumis: sed gravi semper detenta pigricia. in sepulchris die noctuque versatur et semper commorans in cavernis. De qua ovidius. Fedaque fit volucris venturi nuntia luctus. Ignavus bubo dirum mortalibus omen. Denique apud augures malum portendere fertur. Bubo tenebris peccatorum deditos. et lucem iusticie fugientes significat. unde inter immunda

·鸟 类·

中世纪的人对鸟类充满好奇，喜爱鸟，在各时各地观鸟，也了解鸟，甚至比对鱼的了解深。但这毫不妨碍动物图鉴给鸟类加上各种独特甚至奇妙的性质，大部分借自古典时代的文章和东方传说。动物图鉴的作者觉得评述这些特性比单纯观察天空和自然更能体察“真相”。中世纪的人们非常会观察动植物，但他们并不觉得这种观察与知识有什么关系，更说不上揭示事物的真相。真相不来自外表，而来自玄思。所谓“实”是一回事，所谓“真”是另一回事，两者不同，“真”重要得多。

拉丁文动物图鉴写鸟的篇幅通常比写其他动物的都长，甚至能独立成书，称为“禽鸟图鉴”。最著名的一本是皮卡第涉猎广泛的修道士富伊瓦的于格于12世纪中期左右编撰的，现存120多份手抄本，其中有一半带插图。百科全书写鸟的部分通常也比写其他动物的详尽，涉及物种最多。所以，这里和前面各章一样，不能尽述，只能说说那些在中世纪象征及认知体系中占据重要地位的“明星”，下面从“天空之王”——鹰开始。

△ **水鸟**（约1280—1290年）

腓特烈二世，《训隼书》（*Livre de fauconnerie*），巴黎，法国国家图书馆，法语手抄本12400，68页反面。

◄ **猫头鹰**（约1240年）

和所有夜行、夜视动物一样，猫头鹰也是魔鬼的动物。所有鸟都怕它，只敢在白天它睡着之时攻击它。乌鸦和喜鹊是它的宿敌。

拉丁文动物图鉴，牛津，博德利图书馆，博德利手抄本764，73页反面。

► **鹰**（约1240年）

这幅图的背景上有代表波旁王室的百合花，也就表示鹰是天空之王。动物图鉴说它是唯一能正视太阳的鸟，是鸟中飞得最高的，也能潜入水中捉鱼。

拉丁文动物图鉴，牛津，博德利图书馆，博德利手抄本764，57页反面。

鹰

继承了古典传统的早期基督教时而把鹰看作上帝，时而把鹰看作基督。看作上帝时，鹰代表力量、公正、全能；看作基督时，鹰代表救世主升天，和鹿、凤凰一样象征复活。基督教早期教父继承了老普林尼、埃里亚努斯、索利努斯的说法和各种东方传说，说鹰有一种神奇的能力，能返老还童。动物图鉴也对此评说颇多。鹰首先在石头上敲断长得太长而导致不能进食的喙，然后飞到太阳附近烧掉衰老的翅膀和疲惫的双眼。最后，因光和火而重新充满活力的鹰从天上掉下，落进神泉里，反复三次，这样就能恢复青春活力。这代表旧人脱胎换骨成为新人，如圣保罗所赞颂的；也可代表初闻教理者受洗而获得新生。[1]“教士”纪尧姆的《神圣动物图鉴》就明确写道：

> 能返老还童的鹰给我们提供了一个极好的例子。想脱离陈旧、有害状态的人就应该像鹰那样做。不管是犹太教徒还是基督教徒，如果心的眼睛被蒙蔽了，不能分辨正道和歧途、真理和谬误，那就应该去寻找精神与活力之泉，也就是洗礼，这能让人充满生气，变得神圣……以圣父、圣子、圣灵之名在这清澈之水中受洗的人，能毫无障碍地注视光芒四射的太阳，也就是我主耶稣基督。[2]

鹰代表升天和复活，也特别为自己的尊贵血统骄傲。为保证雏鹰确实是自己的后代，和自己一样能直视太阳，雄鹰会把它们带到太阳附近，强迫它们注视太阳。能够不眨眼经住此考验的便是它的孩子，其他的要么立刻被杀死，要么被从天空中扔下去。如果它们回到巢中去找妈妈，雄鹰也会把它们推出去。幸好地上有一种善良的鸟——骨顶鸡（fulica）会接住它们，在沼泽边把它们和自己的孩子一起抚养长大。骨顶鸡品德如此高尚，甚至不吃肉，只吃素，一年到头都守斋。但布吕内·拉坦等百科全书作者认为，接住雏鹰的不是骨顶鸡而是野鸭。

有些作者为鹰的这种举动而困扰，这太残酷，又不正义。他们说“另一种鸟”（杜鹃？）会把自己的蛋下在鹰巢中，所以鹰才这么做。另一些认为这是因为雌鹰不忠。但“教士”纪尧姆、博韦的皮埃尔和大部分 12 世纪和 13 世纪的动物图鉴作者认为，鹰要找出亲生的雏鹰，就像上帝只认相信他的人为孩子。这种贴合教义的解释在新皈依、更开放的基督教早期教父那里很少见，却对应着中世纪中期的现实情况：十字军东征，基督教对内收紧，对外不宽容、攻击性强。

◄ **秃鹫**（约 1450 年）

秃鹫贪婪、食腐，嗅觉无与伦比，但自己也发出令人难以忍受的臭味。它只以动物的死尸为食，虽不杀生却要吃下很多动物，所以多本百科全书说秃鹫都因痛风而亡。

拉丁文动物图鉴，海牙，梅尔马诺·韦斯特雷尼亚尼姆博物馆，手抄本 10 B 25，27 页正面。

实际上，鹰在中世纪的象征意义有好也有坏。它专横甚至粗暴，令其他鸟类都害怕它。它不仅生气时会发出刺破云霄的鸣叫，令闻者胆战心惊，其外表也如此高贵严厉，令所有人害怕。没有一种动物敢攻击它，所以它像百兽之王熊、狮一样被认为战无不胜。亚里士多德和老普林尼就已这样说过，中世纪动物图鉴也表示鹰有如此杰出的特性。因此，在中世纪，鹰几乎总和威信、王权联系在一起，许多象征权力的东西（权杖、宝球、王座、旗帜、纹章）上都有它。在许多古代文化中，鹰是天神之鸟，尤其是希腊神话中的宙斯和罗马神话中的朱庇特。随着时间的推移，罗马、拜占庭、加洛林、日耳曼，及后来的俄罗斯、奥地利、拿破仑、德意志等帝国也都以它为标志，与地上的对手——狮一争高下。两者都代表力量、权力、胜利。在中世纪中期，鹰狮之争也象征神圣罗马帝国内部的政治斗争，狮代表教皇派，鹰代表皇帝派。

动物图鉴中的鹰不仅代表武力、政权，还有出色的智力和能看穿一切的眼睛。鹰在天空中飞得很高，这代表高尚的思想和卓尔不凡的灵魂。它无所不知，无所不见，能读懂人心，预见未来。中世纪末期有时用鹰来代表视力，纹章上也会有双头鹰。正如 14 世纪一位佚名作者所说，鹰不仅代表获胜的战士，也代表过人的才智。法语里说某人“是一只鹰”意思就是他很聪明。[3]

动物图鉴还说鹰克蛇，古典图像就很喜欢表现鹰蛇相斗的场面。所以鹰代表与恶相斗的善。鹰和狮子一样也是慷慨的象征，因为它会与其他动物分享猎物，而只食腐肉的秃鹫会把所有都据为己有。

某些神学家将俯冲捕食的鹰视为降生于世、带众人回天堂的基督，但也有些将其视为魔鬼的化身，因为鹰十分可怕，长着巨大的喙、钩形的爪，既吃鲜肉也吃腐肉。12 世纪末的《阿什莫尔动物图鉴》（*Bestiaire Ashmole*）称其为“可怕的灵魂猎手”。[4]说鹰坏的时候并不多，这时它和大多数猛禽一样代表凶猛、贪婪、残忍。另外，鹰还经常代表骄傲，这是它独有的。中世纪末期，德国的几张图将“骄傲”画成一个人，穿着满是纹章的华服，好像要去决斗或比武，身骑骆驼，头顶鹰饰，手中的盾画着狮子，旗上绘着孔雀，这四种动物都是骄傲的象征。[5]

在基督教图像中，鹰还是福音约翰的标志，经常出现在“四物图”（Tétramorphe）中。这是中世纪早期和罗曼时期常用的一种象征画。《以西结书》和《启示录》描绘的异象[6]都提到了四个长着翅膀的“活物”（人、鹰、狮、牛）。它们和天使一样，代表上帝身边最崇高之物，很早就与象征上帝之声的四位福音作者联系在一起：人代表马太，狮代表马可，牛代表路加，鹰代表约翰。它们也代表耶稣一生的四个时刻：像人一样诞生，像牛一样牺牲，像狮一样复活，像鹰一样升天。

因此，鹰是人的榜样。12 世纪末的《阿伯丁动物图鉴》说：“鹰和上帝一起升上天空，它能直视太阳而不眨眼，好基督徒应该像它一样，安然凝视永恒的真理，期待复活。”[7]

有些作者把狮鹫和鹰放在一起，认为狮鹫是鸟，但也有作者将其放在四足兽中，认为狮鹫是兽，是狮子的近亲。中

▼ **狮鹫**（约 1260—1270 年）

狮鹫上半身是鹰，下半身是狮，传说是雄鹰与母狮交媾所生。它同时具有两种动物的力量，也同样不可战胜。神话中它经常看守宝藏。战胜狮鹫是无与伦比的丰功伟绩。

拉丁文动物图鉴，巴黎，法国国家图书馆，拉丁文手抄本 3630，77 页正面。

世纪的狮鹫和古典时代的一样，是一种半鹰半狮的怪物，上半身是鹰，下半身是狮，喙如钩，爪尖利，背生巨翼，长尾，后足大而分四趾，有时还有鹰没有的尖耳和胡须。这种动物从何而来？当然是东方。马可波罗说曾见过一只巨大的狮鹫抓起一头大象飞到高空，又突然把大象扔下去，让它摔得“粉身碎骨”。[8]几十年后，约翰·曼德维尔也说亚洲的狮鹫“身体比 8 头狮子加起来还大，力气等于 100 只鹰”。他看到的狮鹫抓起的不是一头大象，而是两头套在犁上的牛，连车带牛一起抓到空中。印度人用狮鹫的趾甲做杯子，和独角兽的角一样有净化解毒的作用。他们还用狮鹫的翼做成可怕的弓，沉重到曼德维尔和同伴三人合力才能勉强抬起一架。[9]

许多作者认为狮鹫是雄鹰和母狮交合所生，而有些说是雄鹰和母狼所生，却没有解释为什么下半身是狮子。不过大家一致认为狮鹫外貌可怖，力气惊人。它几乎战无不胜，所以上帝命其看守藏有金子、宝石的山。它是东方所有宝藏的守护者。

隼

与我们通常认为的不同，鹰在北欧神话和中世纪早期的日耳曼徽章体系中并没有很高的地位，还不如乌鸦和隼。北欧神话的主神奥丁所钟爱的鸟是两只乌鸦，不是两只鹰。800 年，查理曼加冕称帝，不久后在亚琛宫殿的顶上安放了一只巨大的青铜雄鹰，但这是古罗马的鹰，是对罗马帝国之鹰的追忆，不是法兰克、日耳曼的鹰。10 世纪，神圣罗马帝国建立后，一只鹰出现在权杖等帝国标志上，但它其实更像隼或乌鸦，而不是真正的鹰。另外，它的头侧面而身子正面，像被压平了一样，实在是奇怪！ 12 世纪起，这个奇异的形象出现在许多纹章中，包括神圣罗马帝国皇帝的纹章。它集三种动物于一身，分别是古罗马人的鹰、日耳曼人的乌鸦和王公贵族最爱的隼。

中世纪的贵族阶层十分喜爱隼，甚至可以说隼是他们的最爱，尤甚于马。他们热衷于训隼术，这是贵族教育的一部分。我们对训隼术如此了解，要感谢从阿拉伯文编译而来的各种文章。

动物图鉴对隼充满崇敬。这种鸟有华美的羽毛、迅猛、勇敢（会攻击比自己大得多的猎物）、聪明、吃食少、顺从主人，虽能飞到目不可及的高处，但不会趁机逃跑，每次都会回到主人身边。如果两次都没有抓住猎物，“它会倍感羞愧，回到主人的拳上，主动要求戴上眼罩，遮掩自己的羞愧”。[10] 雌隼比雄隼更大，但并不以此为傲。造物主把它造成这样，它就该平心对待。

隼能克蛇、蟾蜍、狐狸、秃鹫，这些都是魔鬼所造。隼和鹰一样，年老时也能让双翼重生。它飞到九霄之上，在太阳旁展开翅膀，让其燃烧。旧羽翼落下之后，新的很快就会长出，而且更加强壮有力。但只能返老还童一次，之后就得像所有生灵一样，接受衰老。

▲ **隼**（约 1300—1320 年）

王公贵族最爱隼，喜欢以隼捕猎。训隼术是骑士教育的一部分，和骑马比武、作诗、下棋一样。如何训练，如何照料，受凉了如何治疗都有长篇大论。隼是贵族阶层最喜欢也最爱惜的动物。

拉丁文动物图鉴，剑桥，菲茨威廉博物馆暨图书馆，手抄本 379，22 页反面。

► **训隼文章**（约1280—1290年）

神圣罗马帝国的腓特烈二世热衷于训隼，还著有关于训隼的文章，现存有好多份插图丰富而精美的抄本。地方语言的译本也很早就有了，同样有许多描绘鸟类的插图，既有捕食者，也有被捕食者。

腓特烈二世，《训隼书》（洛林方言译本），巴黎，法国国家图书馆，法语手抄本12400，63页反面。

以隼捕猎的方法产生于中东或中亚地区，6世纪左右传入西方，逐渐成为王公贵族最爱的休闲活动，13世纪达到顶峰。另外，教会也鼓励这种狩猎方式，因为这种方式没有用犬狩猎那么野蛮，不会以人兽近身相搏结束，完全由隼完成猎杀。妇人甚至也可以参与，按图画和骑士小说看来，她们也很乐意参加。

隼其实是标准的贵族鸟，平民不得拥有。饲养、训练、照顾、找人伺候都得花费大量金钱。以隼相赠是王侯之礼。以隼捕猎也是难以掌握的技艺，是骑士教育中最精细的一门。对训隼描述最详细的不是动物图鉴或百科全书，而是专门的训隼书籍。我们这里概括一下训隼的主要步骤。

首先，雏鸟出生几天后就要从巢里拿出，代替其父母养育它。第一次换羽后，要截短趾甲，在爪上系上铃铛（不见时方便找回），并将眼皮缝上，因为要驯隼就得让隼看不见。之后，真正的训练才开始：要让隼适应站在栖架上，练习以拳掌控它，教它哨声口令，拆开眼皮让它再度适应光线，用人造假饵让它兴奋。这些加起来需要一年多时间。隼站在主人拳上时会被戴上眼罩，一旦猎物出现，主人就把眼罩拿掉，隼一飞冲天，瞄准猎物俯冲下去，与之激烈搏斗，直到被口哨唤回。[11]

训隼书对如何让隼健康长寿也着墨颇多，但说法往往不尽一致。下面是三位作者对隼着凉如何治疗的说法。第一位说得还算正常：

> 取一些热红酒，加入磨碎的胡椒，灌入咽喉，立着直到消化完毕。这样它就会好。[12]

第二位加了些肉：

> 用碱液混上葡萄嫩枝烧成的灰，灌满喉咙。待消化完毕，再喂一只蜥蜴，这样病就好了。[13]

第三位的方法就复杂多了：

> 取4块猪油，抹上蜂蜜，撒上铁砂，塞入咽喉。如此重复三日，不给

foraimnes des eiles longues
dures· et fermes· pour ce q̇
par ces chozes il sont aidie
se boutent plus auant en
bries espace sont de bō voul
et de coi touz· ainsi com est
de ciaus qui pou se muenēt
c'est a sauoir menieres dai
gles· bitardes menieres de
coulons· galerant champes
tre et a quatique· ⁊ menie
res de corneilles et plusor
autre· ⁊ meismemant cil q̇
ont plus grans eiles· ⁊ pl᷒
grans pennes· car dou mo
uemant de celles plus grāz
cercles est fais· et par plus
grant cercle plus fors vous
est fais· et ainsi li mouue
mans est plus cortous et
plus isnes· la quelz choze
apert es galies conduites
par plus grans raīmes ain
si com est de cex qui mue
uent lor eiles souuent· c'est
a sauoir· menieres doies· de
kannes· de plouiers ⁊ celles
kannes qui sont dites cham

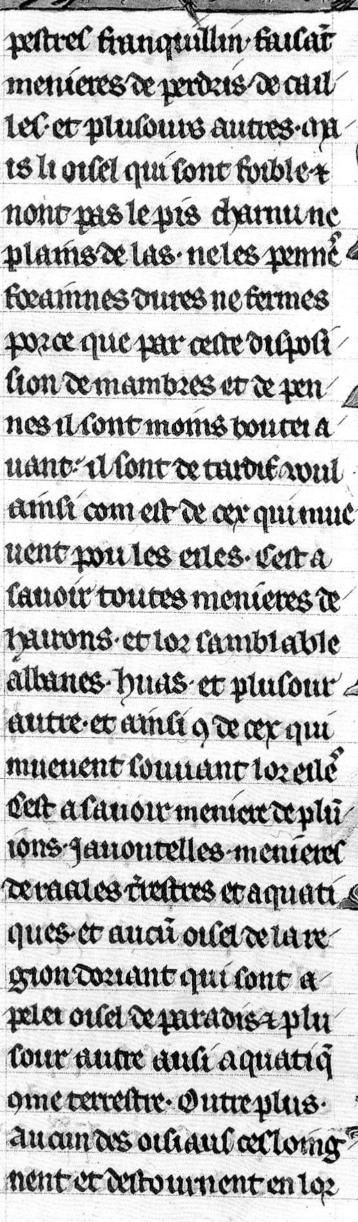

pestres franquillin· faisāt
menieres de perdris· de caill
les· et plusours autres· ma
is li oisel qui sont foible ⁊
nont pas le pis charnu ne
plains de las· ne les pennē
foraimnes dures ne fermes
porce que par ceste disposi
sion de mambres et de pen
nes il sont moins boutei a
uant· il sont de tardif voul
ainsi com est de cex qui mue
uent pou les eiles· c'est a
sauoir toutes menieres de
hairons· et lor samblable
albanes· huas· et plusour
autre· et ainsi ꝯ de cex qui
mueuent souuant lor eilē
c'est a sauoir menieres de pluū
ions· jauouttelles· menieres
de raales terestres et aquati
ques· et aucū oisel de la re
gion dorient qui sont a
pelei oisel de paradis ⁊ plu
sour autre aussi aquatiq̄
come terrestre· Outre plus·
aucun des oisiaus ses loing
nent et destournent en lor

> 其他食料。第四日让其吃下一只预先用大量葡萄酒醉过的小鸡，然后在火前温暖其胸，并用热牛奶浸润。接下来几日以麻雀及各种小鸟喂食，它肯定会好。[14]

隼生前受到如此精心的照料，死后却令人唏嘘，这体现了人类的忘恩负义。14 世纪，一本佚名禽鸟图鉴就写道：

> 隼能捕猎时十分受宠，主人骄傲地将其置于拳上，充满关爱地抚摸其尾巴和胸脯。但它们死后毫无用处，不能做菜也不能上桌，于是被扔到粪堆上，任狗、狼、秃鹫啃食。[15]

生前如此受喜爱的鸟下场却如此悲惨！

乌鸦

乌鸦这种黑色的鸟在所有神话中都备受推崇，后来却被不断地贬低。古希腊、古罗马时期，人们称赞它聪慧、记忆力强，还能预言未来，《圣经》却视乌鸦为不祥之鸟。诺亚方舟的故事中，乌鸦不信上帝、自私、食腐。早期基督教也随之严厉抨击乌鸦，说它大逆不道。而在北欧大部分地区，非基督教民族认为乌鸦是神鸟。凯尔特人、日耳曼人、斯拉夫人都有很多对乌鸦的崇拜。这是努力传教的基督教会一直想铲除的，但做起来很难，因为乌鸦地位崇高。凯尔特人视乌鸦为主神鲁格的象征。斯堪的纳维亚的日耳曼人认为乌鸦为独眼、可怕、全知之神奥丁服务。他的两只乌鸦“福金”（Huginn）和“雾尼”（Muninn）飞过人间，向他报告所见，知道过去未来所有的事，明白人心，会惩罚懦夫，保护、奖赏勇士。

基督教早期教父故意在魔鬼的动物中为乌鸦留了一席之地。他们在乌鸦身上看到了因浑身过错而黑化的罪人，或认为乌鸦是魔鬼及一切邪恶力量的化身。乌鸦肉绝不可食。奥古斯丁认为乌鸦叫听起来像拉丁文的“明天”（*cras*），于是以乌鸦象征满身恶行却永远把悔改推到明天的人。动物图鉴的作者也采用了这样的看法，并说乌鸦代表因罪恶而黑化的人。他们还提到

◂ **乌 鸦**
（约 1240—1250 年）

乌鸦在中世纪兼有好坏两方面。黑色、食腐以及大洪水中的角色让它经常被视为魔鬼的造物，但也有些作者认为喜欢鸣叫的乌鸦代表布道者，劝听者皈依。还有些承袭老普林尼的说法，认为乌鸦深具洞见，是所有鸟类，甚至所有动物中最聪明的。

富伊瓦的于格，《禽鸟图鉴》，瓦朗谢讷，市立图书馆，手抄本 101，178 页正面。

乌鸦以腐尸为食，并且总是先从眼睛开始，因为这样能更方便地吸到脑髓，就像魔鬼让我们盲目从而夺走灵魂。里夏尔·德·富尼瓦尔则按其一贯做法，不把先吃眼睛的乌鸦看作魔鬼，而看作爱情，不过也一样阴险而残忍：

> 乌鸦有另一种本性，比其他本性都更像爱情。它找到死人时，首先吃眼睛，然后从眼窝吸出脑髓，有多少吃多少。爱情也是这样：从第一次相遇开始，男人的眼睛就被定住了。如果男人没有看那女子，爱情也就不会占有他。[16]

不管怎样，乌鸦的第一特点是“乌”。这是一种晦暗的颜色，与死亡相连，但乌鸦却很为自己的羽毛骄傲，和鹰一样要保持种族的纯洁。小乌鸦生下来几乎是白色的，乌鸦就不认它们，不照顾，不喂食，不保护，直到小乌鸦的羽毛变黑，但这需要几天甚至几周的时间，在此之前小乌鸦就只能“以天露为食”。受尽苦楚的它们长大后也会报复。老乌鸦老到不能自己找食，它们也不给找吃的，任其饿死，或用喙啄死并吃掉。这不祥之物不仅同类相食还杀父弑母！

乌鸦的恶行不止于此。动物图鉴的作者滔滔不绝地细数：爱偷盗，四处偷摸，整日不停；贪食，一直要吃，什么都吃，不管肮不肮脏，有没有毒，而且每日吃肉，不守大小斋；十分骄傲，自以为是最美的鸟，其实是最丑的鸟。有时它也会意识到黑色很丑，于是从每种鸟那里偷一根羽毛，编起来盖在自己身上，遮掩自己的羽毛。它还很虚伪，假装愚钝，其实诡计多端，总把聪明用在坏处，耍弄人和别的鸟，包括大得多的动物。它总想啄驴的眼睛，所以驴恨它。它还会趁牛睡着的时候攻击。同样代表狡猾的狐狸是它唯一的朋友。两者都与隼、鸢为敌。狼因为不愿分享食物也遭记恨。与乌鸦为友对狐狸来说也没有好处。猎人追捕狐狸时，如果跟丢了，只要抬头看看乌鸦往哪里飞就行，因为它习惯于在空中跟着逃跑的狐狸，结果出卖了它。用“乌鸦”指“告密者”在中世纪末期就已出现在狩猎语言中，法语中用来指写匿名信者则要等到 19 世纪。

尽管乌鸦有诸多缺点，长着不祥的黑羽，中世纪文化还是保留了凯尔特人和日耳曼人崇敬乌鸦的一些痕迹。首先，起名时，乌鸦地位甚高，很受推崇。其次，圣徒传记表现了好几只保护、供养圣人的乌鸦，比如供养先知以利亚的那只。修道院院长圣本笃（saint Benoît）太过严厉，修道士们再也受不了，就在他的面包里下毒。一只乌鸦偷了有毒的面包才救了圣人一命。乌鸦在蛮族标志中本就有很高的地位，后来在各种徽章中也一直占据着主导地位。12

世纪，纹章首次用到动物形象，将原来日耳曼人的乌鸦部分地改为鹰，形成了十分奇怪的样子，身体正面而头侧面。

有些动物图鉴的作者也把乌鸦看作布道者。它喜欢鸣叫，好像在不停宣讲，其羽毛也像本笃会的黑僧衣。罪恶使人黑化，布道者揭露这一点并引人皈依。这种想法在额我略一世（Gregorius I）等基督教早期教父那里已经出现。有些动物图鉴也采用了，但难成气候。乌鸦太黑、太坏、太爱偷盗食腐，不可能变成正面的动物。人们最多承认它能完美地模仿人声，是“世界上最了解我们的动物，因为它从早到晚观察着我们”。[17]这说起来多少也是令人不安……

进入现代，乌鸦的象征意义依然不好，从寓言、谚语、词汇都能看出。它仍然是魔鬼的动物，不祥之鸟，人们要尽力消灭。但现今似乎有逆转之势。对动物智力的最新研究显示，它不仅是最聪明的鸟（早就知道，老普林尼就已说过），很可能也是最聪明的动物，和猿类同一水平，比大象、老鼠、猪、海豚聪明得多。乌鸦在科学界地位很高，是知识明星，而民间传统把它当作恶毒、不祥的黑鸟，要躲开、杀掉。

以上说的其实都是渡鸦。在现代动物学中，渡鸦和小嘴乌鸦是两个不同的物种，不可杂交繁殖，但在以前的认知中，在寓言故事和神话传说中，这种区别十分模糊。“鸦科”这个概念那时还不存在，小嘴乌鸦经常被当作雌性渡鸦。不过，有些动物图鉴也用一章专门讲小嘴乌鸦，用它来平衡：渡鸦有多坏，小嘴乌鸦就有多好。

比如，小嘴乌鸦对其他鸟满心善意，尤其是鹳，它会保护鹳不被捕食者捉住，两者是永远的朋友。与渡鸦不一样，小嘴乌鸦从孩子出生起就喂养，而当它老到喙已衔不住食物时，孩子也会供养它；它的羽毛因衰老而变白脱落时，孩子也会用自己的羽毛为它遮挡，所以小嘴乌鸦是孝的象征。康坦普雷的托马说，小嘴乌鸦的寿命很长，是人类的九倍，也就是600年左右。这样，孩子的功德就显得更大了。而且在这么长的时间里，雌雄都会忠于对方。

不过小嘴乌鸦也有两个缺点：唠叨和好斗。它与猫头鹰为敌，会在大白天趁猫头鹰睡着之时去它巢里偷蛋并打破。猫头鹰则在晚上报复，像魔鬼一样，趁着夜色潜入小嘴乌鸦的巢中毁掉它的蛋。

白 鸽

在中世纪文化中，白鸽与乌鸦正相反。白鸽羽毛洁白无瑕，乌鸦却黑如地狱之口。在《圣经》关于大洪水的记载中，白鸽衔着橄榄枝平静地飞回方舟，向诺亚宣告洪水已退去，大地恢复了安宁。由此，白鸽成为和平与希望的象征，是上帝派来的信使，几乎总被赞颂。

在图画中，白鸽与乌鸦对比鲜明，白鸽在方舟之上飞翔，乌鸦却在下面吃腐尸。对方舟及其中动物的描绘是极为丰富的文化史材料。《创世记》并未提到有哪些动物被带上方舟，只说上帝命令诺亚："凡有血肉的活物，每样两个，一公一母，你要带进方舟，好在你那里保全生命。"[18] 所以画哪些动物并无定规，只要画一对就行，但空间有限，因此究竟选哪些动物能反映不同时期、地区的不同认知、分类、价值体系和思维模式。史学家对此最感兴趣。方舟里有哪些动物？对这个问题的回答可以更好地勾勒出某个时期、某种文化、某个阶层、某位艺术家对动物世界的构想。[19]

我们回到圣洁的白鸽上来。动物图鉴喜欢详述其身体各部分，并将每一部分与一种优点联系起来。白鸽有无数优点：贞洁、温柔、忠诚、单纯、天真、谨慎、谦虚。它怕白羽变脏而经常沐浴，通过水面的倒影也能发现老鹰等捕食者在靠近而及时躲避。动物图鉴承袭基督教早期教父的说法，举出《圣经》中最著名的三只白鸽：诺亚方舟的白鸽，象征和平；大卫的白鸽，象征力量；圣灵的白鸽，象征希望。①耶稣受洗时，圣灵曾化作一只白鸽从天上降下参与洗礼。动物图鉴的作者

◂ 白鸽与鸽舍（约1240年）

中世纪的白鸽是上天的信使，代表圣灵，拥有各种美德：温柔、贞洁、单纯、天真、谨慎、忠诚、谦虚。它的大敌不是乌鸦而是龙，也就是魔鬼。

拉丁文动物图鉴，牛津，博德利图书馆，博德利手抄本764，80页正面。

① 有关这三只白鸽的内容分别见《圣经·旧约·创世纪》8 ∶ 8—12、《圣经·旧约·诗篇》55 ∶ 6和《圣经·新约·马太福音》3 ∶ 16。

还说，人死后，好人的灵魂化作白鸽飞上天堂，坏人的灵魂会变成丑陋的生物，比如蝎子、癞蛤蟆、恶魔。

关于白鸽，富伊瓦的于格在所有作者中说得最多。他在于1140—1160年前后编撰的《禽鸟图鉴》中，写白鸽的篇幅比写任何其他鸟的都长，并且略带神秘色彩，有时并不十分清晰，将白鸽塑造成信徒、布道者、教会的标志，采用了一种奇怪的二元象征。喙分上下两部分，代表大小麦粒的分离，也就是古法之训和新法之训的分离。右眼用于自省，左眼用于瞻仰上帝。双翼分别象征对上帝的爱和对他人的爱，慈善之翼伸向人类，而崇敬之翼伸向天空。羽毛、眼睛、爪子的颜色都能用来表现教会：

> 鸽子有双翼，正如信徒的生活有劳作也有静修。双翼的蓝羽代表对天空的向往。身上别处色调不一，颜色多变，仿佛波涛起伏的大海，是人类激情的海洋，教会航行其上，力图使其平静。鸽子为何有黄色的眼？因为黄色是成熟果实的颜色，是经验和老成的颜色，正如教会看待未来的目光。最后，鸽子有红色的爪，正是教会趟着殉教者的鲜血在世上前行。[20]

白鸽的大敌不是鹰而是龙。印度有一棵神树（peridexion）。白鸽喜欢来树上乘凉，品尝甜美的果实，树荫还能保护白鸽。龙却十分害怕这树荫，只能在周围徘徊。只要白鸽离开树和树荫，龙就将其吞噬，正如人只要背离了对上帝的信仰就会被魔鬼抓住。这棵树既能供养又能保护，有保护作用的树荫就是圣灵。

动物图鉴和禽鸟图鉴不能说白鸽（columba）不好，只能说另外一种鸽子（columbus）不好。这种鸽子和所有以谷粒为食的鸟一样血热，因此性欲也十分旺盛。能忠诚结伴的也不停亲昵、拥抱、行肉体之事。其他的则淫荡通奸，而白鸽绝不会做这种事。通奸者（通常是雄性）会受到惩罚。所有品行端正的鸽子，不管雌雄，绕着它围成一圈，不让它逃跑，然后用喙啄死它。中世纪这种集体行使正义的形象在埃里亚努斯和基督教早期作者那里已可见到。[21]

动物图鉴中的斑鸠和白鸽一样忠贞不二，远离世间的享乐和堕落的人类。它栖身于棕榈树，这种树既能为它提供食物又能保护它，就像教堂一样。为防雏鸟遭遇不测，它会用洋葱叶盖住鸟巢，这种植物能赶走狼和秃鹫。它的忠贞可作为罪恶之人的榜样，它不仅永远不会通奸，失去伴侣时也不会再找一个，只会不停哭泣。它不再休憩于草地或树荫，对世间一切都不感兴趣，只求一死以缓解伤痛。

天 鹅

白天鹅在希腊、罗马及北欧神话中都扮演了重要的角色。它集纯洁、歌咏、变形、死亡等多种象征于一身，吸引了中世纪的作者和艺术家。日耳曼传说中常有人被变成天鹅的故事，最著名的就是“天鹅骑士”。他乘着天鹅拉的小舟，行驶在莱茵河或支流上。这只天鹅原本是人，中了可怕女巫的巫术变成这样。布拉班特（Brabant）公爵、洛林公爵、布洛涅（Boulogne）伯爵、埃诺伯爵、林堡伯爵、霍兰德（Holland）伯爵以及贝尔格（Berg）家族、克莱沃（Kleve）家族、于利希（Jülich）家族等诸多名门望族都自称是这个神秘骑士的后人。不仅莱茵河、默兹河（Meuse）[①]地区的贵族崇拜天鹅，英格兰、贝里（Berry）[②]地区、伦巴第、波兰的贵族也一样。中世纪末期，许多领主和骑士采用天鹅徽章或在比武时扮成“天鹅骑士”。

但《圣经》完全没有提过天鹅，这非常少见，以至基督教早期教父不知所措。《圣经》都未言及的鸟如何评说？干脆不说。实际上，基督教早期教父对这种奇异的动物缄口不言，最多说它来自极北之地。《圣经》里没有，早期教父没说过，中世纪动物图鉴只能去别处寻找天鹅的“本性”和“隐义”，比如古希腊、古罗马的作品，斯拉夫和斯堪的纳维亚的传说、口口相传的故事等。人们从中找到了足够的内容，说起天鹅也能滔滔不绝。

天鹅最特别之处是温柔婉转的鸣叫，那叫声从口中慢慢飘出，因又弯又长的脖子而富于起伏变化。它就像布道者一样，用高低抑扬的宣讲引人皈依。有时，天鹅还会边叫边扇动翅膀打拍子，就像伴奏一样。雌雄天鹅能二重唱，

① 默兹河是欧洲的主要河流，发源于法国，流经比利时和荷兰，注入北海。

② 贝里位于法国巴黎盆地南部。

▲ **天 鹅**（约 1240 年）

天鹅和白鸽一样洁白，却兼有好坏两方面含义。它美丽动人，歌声动听，尤其是将死之时，但它也很虚伪，白羽之下藏着黑肉，不能相信。

拉丁文动物图鉴，牛津，博德利图书馆，博德利手抄本 764，65 页正面。

因为雌天鹅的声音刚好比雄天鹅高半个音。天鹅真可称得上是鸟类中的音乐家。它也会被音乐吸引，一有人弹鲁特琴或竖琴，它就会靠近。

天鹅的鸣叫和谐优美，但也忧郁甚至悲伤，好像在哀怨地诉说着什么，尤其是死期临近之时。天鹅病弱而知大限将至时会哀婉鸣叫，好像给自己唱挽歌。所有的动物图鉴作者都说天鹅将死那年的叫声最动听。布吕内·拉坦解释说，天鹅头上有一根羽毛，将死之时会刺入脑中，天鹅就知道自己时日不多，而疼痛让它发出哀鸣，如泣如诉，长达数月。但它死得幸福而清醒：

> 大难之下，天鹅比人更显高尚，知道命不久矣，却能平心静气地面对死亡，因为它从自然得到了最珍贵的天赋：了解死亡无悲无痛。人类害怕未知之事，以为死亡是最大的痛苦。天鹅比人类勇敢，会歌唱到最后一刻。[22]

天鹅不仅象征音乐和歌唱，也代表幸福地死去。好几本动物图鉴都劝衰老染病之人像天鹅那样安详和谐地歌唱，“赞颂上帝，告别世间财物，诚恳地忏悔自己的罪过，以轻盈之心祈求上帝将自己纳入庇护”。[23]

看到乌鸦是凶兆，看到天鹅则通常是吉兆，白吉而黑凶。《崔斯坦与伊索德》[①]的主人公崔斯坦（Tristan）是中世纪人们最喜爱的人物。他看见远方来船挂着死气沉沉的黑帆，而不是代表伊索德（d'Yseut）前来的白帆，绝望而亡。[24]水手看见水面上有天鹅在游总是很高兴，因为这表示离岸不远了，大海的危险已过去。另外，中世纪的文章总喜欢以“天鹅”（*cygnus*）谐音“征兆”（*signum*），这两个词听起来太像了，让人不得不产生联想。“天鹅”在表面之外总还“征兆”着别的东西，比其他鸟类更甚。

因此，和亚里士多德、老普林尼一样，多位动物图鉴作者惊讶于天鹅洁白无瑕的羽毛，这在野生动物中很少见。纯洁光亮的白下面隐藏着什么？难道不会过于美丽吗？有些人认为天鹅的一袭白羽其实掩盖着黑色的肉体，它虚伪不忠。外表美丽，内心丑陋，好话变成了微词，甚至敌意。天鹅自视甚高，知道自己很美，不与别的鸟来往，也不喜欢被打扰，总是高傲地扬着脖子。它几乎一直在水中，却从不全身潜下去。它还易怒，爱争吵，雄天鹅相

---

① 《崔斯坦与伊索德》是从 12 世纪起就开始在欧洲流传的爱情故事，描述了康沃尔骑士崔斯坦和爱尔兰公主伊索德之间的爱情悲剧。

斗以占有雌天鹅，有时甚至至死方休。天鹅还是种淫荡的鸟，总要行肉体之事，又长又弯的脖子久久地纠缠在一起，交配时用力太猛，以致雄性会残忍地伤到雌性。最后，它是最奇异的生物之一，与任何其他生物都不像。人每次看见它都忍不住要问，又是哪位王子或公主被坏仙女变成了天鹅。

公 鸡

公鸡和天鹅完全不一样，它为人熟知，喜欢打鸣，没有任何神秘之处。动物图鉴视其为勇敢的动物，会英勇地保卫它的母鸡，毫不犹豫地挑战比它更强的动物，但它也虚荣、健忘、耽于肉欲。其象征意义有好有坏。

古典时代的作者就已经赞扬过公鸡的勇敢，中世纪的作者更表现了它和狐狸、狼甚至狮子斗争的场面。狮子只怕一种动物：白公鸡。为什么是白色？动物图鉴的作者并未说明，但他们赞扬公鸡的勇敢。纹章语言中，如果公鸡抬起一只爪子，就表示很勇敢，这成了现代某些饭馆、旅馆的招牌。公鸡总是很警惕，对母鸡关爱有加，还十分大方，比狮子更慷慨。这些都受到动物图鉴作者的称赞。公鸡喜欢分享，找到食物时会叫母鸡来一起吃，而且是分给所有母鸡，不单单是它最喜欢的那一只，但只有它最喜欢的晚上才能陪寝。十几只母鸡中，它总是最喜欢最肥、最胖、肉最软的那只。

公鸡自以为很美，为自己的羽毛、鸡冠、肉垂骄傲，走起来像孔雀，也和孔雀一样喜欢展开尾羽。不过，根据动物图鉴的说法，不是所有公鸡都美，有些太矮小，有些爪子太短，有些鸡冠小得让人以为是母鸡。皮埃尔·德·克雷桑说了如何才能算是一只漂亮的公鸡：

> 漂亮的公鸡体形大，身高胸阔，叫声洪亮，鸡冠鲜红，眼睛黝黑，目光锐利，喙短而尖，脖子金光闪闪，两腿有力而多毛，但不会太长。羽毛应五彩斑斓，有红、黄、黑，甚至蓝、绿，尤其是尾巴，而且尾巴应形如镰刀，状如新月则更好。[25]

康坦普雷的托马说公鸡和月亮关系密切，月亮对公鸡的行为有很大影响：

"月现之时，公鸡暴跳，如恶魔附体。"

不过，动物图鉴和百科全书说得最多的还是它的叫声。这种叫声和天鹅的完全不一样。图鉴作者有时喜欢将两者做比较。公鸡的叫声不像唱歌，只是一个声音重复四下，不是有四个不同的音。因为公鸡是家禽，所以有鸡叫就表示有人家，"和猪哼、驴啼、母牛哞哞一样"。[26]它将睡觉之人唤醒，也让赶了一夜路的人安心。公鸡准点打鸣，不仅白天如此，晚上有一段时间亦然。它不睡，叫声就像钟声一样，比蜡烛计时还准。所有动物图鉴的作者也都提到一只公鸡鸣叫三次

▲ **公 鸡**（约1240年）

动物图鉴中的公鸡通常有很多美德：非常勇敢，会保护自己的母鸡；乐于分享，会把食物分给母鸡吃；欢快高兴，会在日出时打鸣；警觉小心，会站在钟楼顶上监视四周。

拉丁文动物图鉴，牛津，博德利图书馆，博德利手抄本764，85页反面。

以表示圣彼得三次不认主。[27]公鸡就像好牧人一样，劝基督徒忏悔。基督教早期，它是圣彼得的标志，后来也用钥匙代表圣彼得。公元1000年前后第一次有公鸡形象被装在教堂的钟楼上，而这些教堂都是敬奉圣彼得的教堂。随后，这种做法逐渐扩展到大部分罗马天主教教堂。这代表圣彼得的鸟变成看门鸟，注视四周，以有益的鸣叫驱散邪恶的力量。

有些作者说公鸡在晚上叫得更响亮，因为要驱赶狼、狐狸、恶魔和盗贼，但更多作者认为公鸡在黎明时叫得最起劲儿，每叫一声还扑三下翅膀。它这么做是在迎接日出，叫人们起床，为他们加油鼓劲，让他们重新充满力量和信仰：该起床了，向上帝祈祷，然后开始干活。

好几位作者也将公鸡比作修道士，因为修道士也要报时，又将公鸡比作神父，因为神父守卫信众就像公鸡守卫母鸡。13世纪末的宗教礼仪学者纪尧姆·迪朗（Guillaume Durand）[①]直到中世纪末都是拥有读者最多的作者之一。他补充道："公鸡象征胜利和警觉，能以叫声驱赶恶魔。它朝上帝鸣叫，希望最后的审判及永生的曙光早点到来。"所以公鸡代表"引领信众走向永福的神父"。[28]

正是出于这样的宗教象征意义，众多诗人和史书作者在中世纪末期把公鸡塑造成法国国王甚至法国本身的标志。他们和罗马人一样，用"公鸡"（*gallus*）谐音"高卢"（*Gallia*）。克里斯蒂娜·德·皮桑（Christine de Pisan）[②]就将查理五世[③]比作看护臣民的公鸡。15世纪，查理七世（1422—1461年

▸ 巴西利斯克
（约1400—1420年）

公鸡老了有时也会下蛋。如果公鸡蛋被癞蛤蟆、蝰蛇、龙等毒物孵了，出来的就是一种可怕的生物：巴西利斯克。它是鸡头、鸡翼、鸡爪，但身如蛇形，仅凭目光就能杀人。所有动物都怕它，只有黄鼠狼会勇敢地攻击它。

拉丁文动物图鉴，哥本哈根，皇家图书馆，手抄本 Gl. kgl. S. 1633 4.，51页正面。

① 纪尧姆·迪朗（1230—1296年），法国教士、宗教礼仪作家、门德（Mende）主教。

② 克里斯蒂娜·德·皮桑（1364—1430年），欧洲中世纪时期著名的女性作家。她极力反对中世纪艺术中对女性的偏见。代表作有《淑女之城》（*The Book of the City of Ladies*）等。

③ 查理五世（1337—1381年），法兰西瓦卢瓦王朝国王（1364—1381年在位）。在英法百年战争中，查理五世扭转了战局，使法国获得了暂时性的胜利。

Basiliscus grece. latine interpretatur regulus eo quod
sit rex serpentium adeo ut eum videntes fugiant quia
olfactu suo eos necat. et insimul si hominem aspiciat interimit.
Siquidem ab eius aspectu nulla avis illesa transit. sed quamvis
procul sit. ore eius conbusta devoratur. A mustelis tamen vincitur.
quas illic homines inferunt cavernis in quibus delitescunt. Itaque eam
visa fugit. quam illa persequitur et occidit. Nichil enim ille parens rerum
sine remedio constituit. Est autem longitudine semipedalis albis
maculis lineatus.

在位）、查理八世（1483—1498 年在位）和路易十二世（1498—1515 年在位）都有过“公鸡”（*gallus*）的外号。[①]几十年后，弗朗索瓦一世的亲信们果真从公鸡的象征意义出发提出了政治纲领。公鸡明智、骄傲、勇敢，象征太阳、火星、水星，标志古代高卢，代表法国国王。此后，神话、星相、历史、考古都被用来赞扬这种动物。16 世纪初，它开始在法国王室的徽章中占有重要地位，和王冠、百合一样。[29]

让我们说回动物图鉴中的公鸡。它不是只有优点。这是一种爱吃醋的鸟类，不愿把母鸡给别的公鸡，所以公鸡之间经常打斗，而且打得非常凶，直到你死我活，有时失败者还要被羞辱。某些作者承袭古代的说法，说胜利者会强暴失败者，在它身上泄欲，再抢走它的母鸡，导致它羞愤而死。不是所有的公鸡都会落得如此下场，但所有公鸡都性欲旺盛，交配到最欢时总会发出胜利而愉快的喊叫，稍事休息又和另一只母鸡开始，如此继续，整整一天。一夫多妻又激情昂扬的公鸡在罗曼艺术中象征淫乱，有时表现为一个人骑着一只公鸡。但它也可代表多产和繁殖力强。无数药方用公鸡的睾丸来让男人重振雄风，据说能增强性欲，帮助性交，加强生育能力。传言牛睾丸也有一样的功效。

公鸡年老就会变得心不在焉，也不管母鸡，而且还健忘。所以“记性像老公鸡一样”就表示健忘，这是中世纪常用的俗语。[30]更可怕的是，年老的公鸡会下蛋，比一般鸡蛋更小、更圆。如果这些蛋不幸被蝰蛇、龙之类的毒物孵了，出来的就是一种可怕的动物：巴西利克斯。这是一种鸡头蛇身的怪物，有白色的冠（狮子害怕的是它？），全身充满毒液，仅凭目光就能杀人。

母鸡很少被说成坏的。它悉心照顾小鸡，温暖、养育、看护它们，不让它们被鹰和狐狸抓走。母鸡将小鸡护在翅膀下就好像十字架上的基督保护信众，后来也被比作圣母用巨大的斗篷护着受苦的人类。[②]两者都像母鸡一样，

---

① 查理七世（1403—1461 年），法兰西瓦卢瓦王朝国王（1422—1461 年在位），他在百年战争中击败了英格兰，获得了最终的胜利；查理八世（1470—1498 年），法兰西瓦卢瓦王朝国王（1483—1498 年在位），他是瓦卢瓦王朝嫡系的最后一位国王；路易十二世（1462—1515 年），法兰西瓦卢瓦王朝国王（1498—1515 年在位），他属于瓦卢瓦王朝的奥尔良旁系；下文提到的弗朗索瓦一世（1494—1547 年）是法兰西瓦卢瓦王朝奥尔良旁系的国王（1515—1547 年在位），他是法国历史上最受爱戴的国王之一。

② 见《圣经·新约·马太福音》23 ∶ 37 和《圣经·新约·路加福音》13 ∶ 34。

呼唤我们以更好的方式保护我们自己不受罪恶和魔鬼的侵犯。

母鸡很多产，下蛋比其他家禽都多，也会孵蛋直到小鸡破壳。关于如何孵蛋也有很多说法。要孵好，蛋应该是单数，并要在月初第 9 天和第 11 天之间开始孵。这样的说法并不会令史学家吃惊，中世纪文化在各方面都偏爱单数。双数能被 2 整除，被认为不完美，会变质，不吉利。更奇异的是有人说在东方见过比鹅更大的母鸡、像鸵鸟一样大的公鸡。马可波罗说它们身上没有羽毛，而是长着像羊毛一样的东西，光溜溜的爪子能熔化黄金。[31]

鸵鸟、鹤、鹳

如果没有特征标志物，许多鸟都容易混淆。不是所有鸟都像公鸡、天鹅、猫头鹰那样外表独特，一看便知。喙长、脚长的鸟看起来都差不多，但有三种可以通过约定俗成的标志物辨别：衔着马蹄铁的是鸵鸟，抓着小石子的是鹤，筑巢的是鹳。动物图鉴分别论述三者，每种都有特定的象征意义。

在大部分画师笔下，鸵鸟是鸟头、鸟身但却长着骆驼蹄子。它如此沉重笨拙以至不能飞行，不过它跑得很快，翅膀就像船帆一样，它就像在沙地上航行的船。有些百科全书甚至说它更接近骆驼，不是鸟类[32]，还有些说它和变色龙相似。鸵鸟不仅不会飞，还不筑巢，它不可能是鸟类！但它又下蛋，巨大的蛋，不过它不孵蛋，只把蛋埋进沙子里了事，宁愿闲着仰望星空。这是个不称职的母亲，懒惰、健忘、冷漠。幸亏阳光会代它温暖这些蛋，让小鸵鸟破壳而出。

有些作者为鸵鸟找借口，说它太沉了，会把蛋压碎；另一些说它会看着蛋，“用目光孵蛋”；还有些说它就像虔诚的基督徒，已经摆脱了这个世界，不看地而望着天。“教士”纪尧姆说我们应该向鸵鸟学习：

> 这种鸟代表过着神圣生活的智者，放下世间事，一心向往天堂……不愿放弃世间享受和虚假快乐的人到不了上帝那里，他永远不能上最高的天堂。上帝自己说过，福音书里也提到过：“爱儿子、姐妹、母亲胜过爱我的，不配到我这里来。”这就是上帝所说的。这就是真理。[33]

▲ **鸵 鸟**（约 1240—1250 年）

有些作者认为鸵鸟是骆驼的近亲。按动物图鉴的说法，鸵鸟不会飞，但跑得很快，什么都吃，包括金属。因此，画师会在其嘴里画上钉子或马蹄铁作为标志物，可以此与鹤、鹳区别开来。

富伊瓦的于格，《禽鸟图鉴》，瓦朗谢讷，市立图书馆，手抄本 101，180 页正面。

鸵鸟蛋是已知最大的蛋，在中世纪被看作“奇珍异宝”。其蛋壳很硬，重量可达 50 盎司（略大于 1.5 千克）。鸵鸟蛋被收藏在教堂和修道院的宝库中，这是“珍奇屋”的前身，一切可称得上宝物的东西都被收藏在这里。15 世纪，圣德尼修道院是拥有基督教世界最丰富宝藏的修道院之一，藏有五个鸵鸟蛋，其中两个有绘画，用银质框架箍着，吊在穹顶下方。圣加尔修道院的宝藏更丰富，藏有 14 个鸵鸟蛋。复活节那天，这些蛋会被放在教堂的唱诗席内，三一祭台旁。一些决疑论神学家认为鸵鸟蛋因阳光受孕，被阳光孵化，象征圣母的贞洁，因为圣母马利亚也是感灵受孕，生下耶稣，并未行肉体之事。更有甚者以鸵鸟破壳代表圣母生产，以示圣子无原罪地被孕育并降生。当然，这还不是“圣母无染原罪”教义（要等到 19 世纪），但已非常相似。

▲ **鸵鸟蛋**（约 1195—1200 年）

鸵鸟下的蛋很大，自己却不孵，只是把蛋埋进沙子里就不管了，宁愿闲着仰望星空。有些作者认为它是不称职的母亲，懒惰、健忘、冷漠，另一些则为它找借口：它太重了，会把蛋压碎。结果是阳光代替它温暖这些蛋，让小鸵鸟破壳而出。许多教堂和修道院的宝库里都藏有鸵鸟蛋，并且精描细绘，被视作"奇珍异宝"。

拉丁文动物图鉴，阿伯丁，阿伯丁大学图书馆，手抄本 24，41 页正面。

▲ 鹭（约 1240 年）

中世纪以纤细长颈为美，因此鹭被看作十分美丽的鸟，而且它飞得很高，在云端之上，这也让它成为榜样，代表远离地上的享乐去接近上帝。

拉丁文动物图鉴，牛津，博德利图书馆，博德利手抄本 764，64 页反面。

我们回到具体特性上来。按动物图鉴的说法，鸵鸟能吞食一切，其胃什么都能消化，包括金属，这是因为它体热，什么东西放进去都会熔化，就像进了熔炉一样。因此，画师会在鸵鸟嘴里画上钉子或马蹄铁等金属物来表示这是鸵鸟。据说，鸵鸟还对闪闪发光或红色的东西特别感兴趣，会据为己有，摆弄玩耍，然后一口吞下。鸵鸟还象征嫉妒、暴食和懒惰，七宗罪占了三样，对单独一种鸟来说已经很多了。而且鸵鸟还淫荡：它们成群地生活在沙漠里，雌性随意与所有雄性交配，不加区分。

鸵鸟克野马，它跑得更快，能追上野马并勇敢地与之打斗，用翅膀拍打，甚至能把野马赶跑。但鸵鸟害怕狮和豹，看见了吓得不知道逃跑，只会躺在地上把头埋进沙里或伸入灌木丛。这种懦弱、愚蠢的行为会让它丧命。

► **鹤**（约 1195—1200 年）

所有动物图鉴都说鹤在长途迁徙中会落到地面上睡觉休息，一群中只有一只醒着站岗。为了不睡着，它会抓一颗小石子，如果睡着，石子就会掉在脚上把它砸醒。

拉丁文动物图鉴，阿伯丁，阿伯丁大学图书馆，手抄本 24，45 页反面。

鹤则非常不一样，它们聪明、高尚、团结、有条理，成群结队地飞行，能飞很远。宽大的翅膀也让它们能飞得很高。一只鹤领头，用翅膀和叫声指挥大家，组成人字形向前飞，彼此也不会离太远，“好像战士上战场”，这样就可以飞很久。不过，再整齐耐久也有需要休息的时候，这时它们就一起回到地面，依然成群结队。大部分鹤都把头埋在翅膀下入睡，只有最年长的站岗。为了不睡着，它以单腿独立，另一只腿折起来收在肚子下面，爪子里抓着一个小石子。如果睡着，小石子就会掉下来砸到脚，把它砸醒。在纹章语言中，这个石子被称为“警醒”。这些机灵的哨兵被比作看护羊群的牧羊人，不眠不休，以虔诚的信仰作为“警醒”。

鹤会飞到埃及南边、尼罗河源头、印度群山之侧的小人国过冬。旁边就是女儿国，举国上下没有男人。小人国的人只有一肘高（约 45 厘米），三岁成年，七岁年老，以纺丝为生，精于此道。他们还与鹤打斗，食其蛋肉，用其羽毛筑屋，趁鹤在地面时骑羊进攻，以弓箭为武器。

鹳和鹤一样品德高尚，能长途迁徙，但它没有舌头，飞行时一声不发，既不喊叫也不鸣唱。它的品德在于孝。鹳比其他鸟类都更加照顾雏鸟，子女也会照顾年老的父母，为它们找食物，用自己的羽毛为它们遮挡取暖，就像当年父母对孩子一样。这样可敬的行为应该作为人类的榜样：

鹳让大部分人愧疚，因为很少有人能像它那样敬重父母。人当然知道十诫之一便是敬爱父母[①]，上帝立此训诫不无道理，它提醒我们父母为我们吃过苦，但人却忘了这训诫，或不愿遵守，这是重大的罪过。我们所有人都应该服从上帝和父母，事事都要谦逊。既然长途迁徙的鹳都努力保证父母长寿，定居一处的我们为什么不减轻父母的重担？更好地照顾父母就是更好地服侍上帝。[34]

① 见《圣经·旧约·出埃及记》20 ： 12 和《圣经·旧约·申命记》5 ： 16。

▲ **鹳**（约1300—1320年）

中世纪的鹳是美德典范。它忠贞不二，憎恶通奸。它的巢是所有鸟巢中最干净的。鹳的雏鸟敬爱父母，当父母老去时会供养它们，温暖它们。鹳最好的朋友是小嘴乌鸦，最大的敌人是蛇，它要偷走鹳的蛋，因此鹳才把巢筑在屋顶上。

拉丁文动物图鉴，剑桥，菲茨威廉博物馆暨图书馆，手抄本379，17页正面。

有些作者以鹳的长幼互助比喻神父与信众的关系："只要信徒需要引导，神父就应该为其指明道路，把上帝之言教给他们。当神父老去，信徒也应该照顾他，带给他所需之物。"[35]

鹳的另一个美德是忠贞。它憎恶通奸。雄鹳不会抚摸、挑逗雌鹳，雌雄都会一辈子忠于对方。但鹳如果通奸，就会被整个群体处罚，所有鹳会绕着有罪的鹳围成一圈，然后将其啄死。鹳也不能忍受人类通奸。如果筑巢之下有人不忠，它就会啄瞎那人的眼睛。

另外，鹳克蛇，以蛇卵为食，吃过还要以大量的水清洁自己。有些作者说，鹳的羽毛上白下黑，就像我主耶稣基督，向天使展现神的一面，向人类展现人的一面。[36]

▲ **雁树**（约1240年）

动物图鉴描绘的某些物种介于动植物之间，比如“雁树”，挂在枝头的不是树叶而是一种神奇的大雁，会脱离枝头去找食物，然后又回来挂着，像果实一样。

拉丁文动物图鉴，牛津，博德利图书馆，博德利手抄本764，58页反面。

几种常见鸟类

动物图鉴和禽鸟图鉴还描述了许多其他鸟类，这里不可能一一枚举。最为人熟知的几种中，有些生活在院子里，有些生活在房屋周围，还有些生活在树林深处。每一种都有其独特的“本性”“特征”和“隐义”。

鹅有时被当作雌性天鹅，它和公鸡一样非常细心，白天夜晚都会鸣叫报时。最重要的是，它还会不停地拍打翅膀来欢庆基督教重大节日的守夜，让人们为祈祷、赞颂上帝、基督、圣母、圣人做好准备。它还非常聪明，比狗更能觉察到危险，仅凭气味就能感到盗贼在靠近，并会喊叫报警。但这叫声不怎么动听，与天鹅的鸣唱完全不一样，听久了会让人厌烦，尤其是一群鹅在一起时，此起彼伏，整天叫个不停，好像在说长道短。可以把它们的嘴系上，不让它们叫，但最好用蓝色或黑色的带子，如果用红色的带子，公鹅就会发狂乱动，带子会系不住。鹅讨厌红色，尤其公鹅，看见红色的布就会冲过去将其扯碎。

公鹅非常狂躁，甚至可说是凶猛。它们嫉妒心重，死死守着母鹅，为此斗得很凶。这种动物血热，将其阴茎和睾丸磨成粉有催情的功效。它喜欢在冷水里游泳，吃莴苣、卷心菜等凉性食物，但如果吃了月桂叶就会死。有些鹅会爱上放鹅的少年，一刻不离，与之同吃同睡，在其身边沐浴，觉得少年不开心就唱歌给他听。少年长大成人，换另一个少年来放鹅时，鹅还会悲伤致死。老普林尼和埃里亚努斯就已说过此事，多本动物图鉴也都提到过。约翰·曼德维尔在印度看到过双头鹅，不过只有他说起过，马可波罗并未提及。[37]

▼ **鹅与狐狸**（约 1240 年）

中世纪保留了“圣鹅护城”的传说：鹅在卡比托利欧山（Capitole）上大叫而拯救了罗马，使之免遭高卢人偷袭。鹅和公鸡一样象征警醒，并且也会报时，但不是用叫声而是扑扇翅膀。狐狸是鹅的大敌。

拉丁文动物图鉴，牛津，博德利图书馆，博德利手抄本 764，83 页反面。

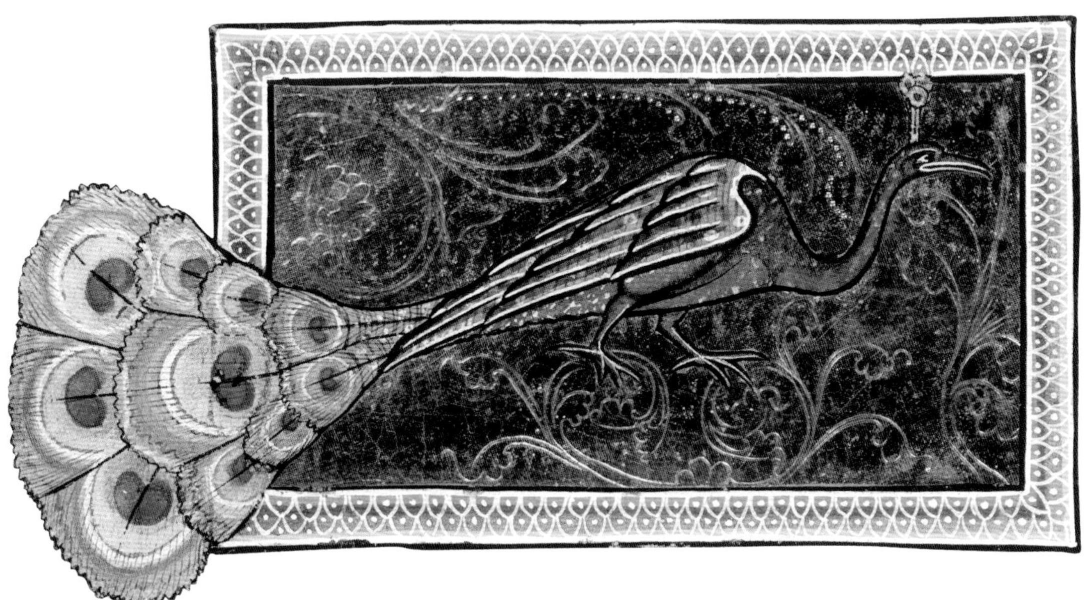

孔雀没有鹅的那些优点，它虚荣可笑。当然，其羽毛华丽无比，五彩斑斓，红绿相间，甚至还有多种蓝色，如蓝宝石一般，但它的叫声十分吓人，好像傻子发出的声音一样。它的脚也如此丑陋，以至它羞于示人，这象征昂首骄傲之人低头看见自己在罪恶的泥沼中前行而充满羞愧。雄孔雀有很长的尾巴，会开屏来引诱雌性，但雌孔雀对此并不感兴趣，所以孔雀繁殖得很少。雄孔雀还会因为正在孵蛋的雌孔雀对自己的挑逗无动于衷而恼羞成怒，去骚扰雌孔雀，结果把蛋弄碎。因此，孔雀十分珍稀。它们也知道这一点，并引以为傲。动物图鉴的作者还说孔雀肉很硬，气味难闻，但因为它非常美丽，王公贵族的餐桌上还是会有孔雀，但并不用来吃。孔雀尾巴如同天使翅膀一样绚丽，上面有许多形似眼睛的圆形。古希腊人说有 100 个，但维吉尔（Virgil）[1] 说只有不到 40 个。

▲ **孔 雀**（约 1200—1210 年）

孔雀的羽毛十分华美，但脚却如此丑陋以至要藏在烂泥里。它爱慕虚荣，肉很难吃，会被放在王公贵族的餐桌上供观赏而非食用。天鹅也一样。

拉丁文动物图鉴，牛津，博德利图书馆，阿什莫尔手抄本 1511，72 页正面。

和孔雀不同，**山鹑**的肉非常可口，所以猎人都努力捕捉，

① 维吉尔（前 70—前 19 年），古罗马时期的诗人。他的代表作《埃涅阿斯纪》（*Aeneia*）被认为是古罗马的民族史诗。

但它懂得许多逃跑的诡计，比如仰卧在地，给自己盖上土，这样就没人能认出它来，或不停换地方下蛋孵蛋，有时还暂避于其他鸟的巢中。它为保护巢中的雏鸟甚至不惜拿自己的生命冒险，假装一瘸一拐地走以引开猎人，在猎人以为马上就能抓到时却又飞远。但如果猎人还带着猎鹰，那它就完蛋了。它是个好妈妈，但也是个小偷，会把其他鸟的蛋拿回自己巢中孵。小鸟出生几天后就会通过叫声发现这不是真正的妈妈，然后用喙啄山鹑，并飞到亲生父母那里去。同样，我们也要逃离魔鬼，他占有了我们这些可怜的罪人。我们要悔改，并飞向我们真正的父——上帝。

山鹑还很淫荡，经常通奸。像所有以交配为乐的鸟一样，雄性山鹑总露着大大的睾丸。它们像公鸡一样会为占有雌性而大打出手。胜者会表现得非常骄傲，把败者踩在脚下，而败者常常羞愧而死，尤其是有雌性观战时。因此人喜欢斗山鹑，就像喜欢斗鸡一样。康坦普雷的托马说，雌山鹑发情时如此兴奋，以至仅靠雄山鹑的气味就能受孕。[38]还有些作者说得更夸张，说只靠风就能受孕。

八哥虽然和乌鸦一样全身漆黑，但叫声婉转动听。它的喙是金黄色，表示它有一副金嗓子。不过一年之中它只在夏季的两个月歌唱，其余时间叫得刺耳难听。尽管如此，人们还是喜欢养它做宠物，一来是因为叫声优美，二来是因为非常亲人。它很容易驯化，为娱乐主人还会模仿其他鸟的叫声。八哥独来独往，结成伴侣也只维持几天。雌鸟一年下好几回蛋，而且孵蛋的时间很长。雄鸟在雌鸟下蛋后就会离开它去找别的雌性，它狡黠诙谐，善于引诱。八哥可以养在笼中，但它会很难受，最好还是让它在屋子附近筑巢，召之即来。但要注意的是，它和喜鹊一样喜欢偷东西，也和乌鸦一样聪明，非常了解人类，什么都看在眼里，没有事能瞒过它。

有些八哥会随季节改变颜色，变成灰色、褐色甚至蓝色。大阿尔伯特说希腊有一种非常稀有的白八哥，但几十年后梅根堡的康拉德（Konrad von Megenberg）说在利沃尼亚（Livonia）① “白八哥是最为寻常之物”。[39]

① 利沃尼亚是波罗的海东岸地区的旧称。

夜莺的叫声比八哥更婉转，中世纪的人认为这是最柔美动听的鸟鸣，许多诗人都曾赞其为爱与忧郁之声。香槟伯爵蒂博（Thibaud de Champagne）好战也善于作诗，是那个时代最受欢迎的诗人之一。他就说过：

> 夜莺唱得如此投入，以致死去而跌落树下。从没有人死得如此凄美、如此温柔、如此愉快。我也要像它一样，竭力歌唱而死，因为我爱的女子不想听我唱，也不愿屈尊怜悯我。[40]

▲ **夜 莺**（约 1240 年）

没有鸟能唱得像夜莺一样温柔婉转，它的歌声是爱与忧郁之声。夜莺只在夜晚歌唱，所以图中背景画着星星。黎明时分，夜莺不再歌唱，情人们也就要分别了。

拉丁文动物图鉴，牛津，博德利图书馆，博德利手抄本 764，78 页反面。

传说蒂博所爱的这个女子就是法国国王路易八世的遗孀、路易九世的母亲卡斯蒂利亚的布兰卡（Blanca de Castilla），但这站不住脚，因为他在她摄政期间曾好几次发动叛变。其实他只是爱上了“爱的感觉”，想要的也只是“想要”本身，“女子”是假想出来的，骑士抒情诗通常如此。

禽鸟图鉴惊异于夜莺如此小的身躯却能发出如此强的声音。这象征虔诚之人虽然渺小却用力歌颂上帝。不过夜莺需多加小心，人很想把孤单弱小的它抓来放在笼子里，猛禽也喜欢吃它。这也是为什么它只在夜晚歌唱。黎明一到，忧郁的歌声就停止了，情人们也就知道春宵已逝，到了分别时分。伊索寓言有一则就提到了可怜的夜莺，中世纪有好几个版本。故事是这样的：

> 一只夜莺被关在笼中，夜晚来临就开始歌唱。两个偷情之人躺在隔壁房间。一只蝙蝠听见夜莺的歌声，就来笼边问它为何只在夜晚歌唱，而在白天一声不发。夜莺回答说自有其原因，以前白天歌唱，结果被抓来关在笼子里，现在为谨慎起见只在夜晚歌唱。蝙蝠回答说现在不用如此，应该在被抓之前多加小心。[41]

猫头鹰也是晚上才叫，但它的叫声阴森凄厉，其他鸟听见都要躲避，狼听见也不安，连住在树林深处的土匪强盗和烧炭人都害怕这种叫声。猫头鹰是一种夜行鸟类，与“死亡”相联系。它喜欢墓地、暗处而不喜欢草场、果园，喜欢黑暗而不喜欢光明，喜欢罪恶而不喜欢祈祷，喜欢魔鬼而不喜欢上帝。猫头鹰很可怕，是来自地狱的动物，与小嘴乌鸦为敌。白天小嘴乌鸦偷猫头鹰的蛋，晚上猫头鹰偷小嘴乌鸦的蛋，而且它比对手更狠，会把蛋弄碎。

基督教贬低猫头鹰，但古希腊、古罗马很推崇猫头鹰，称赞它智力过人、明察秋毫。它是雅典娜最爱的鸟，象征分辨力、知识、谨慎。但在基督教的价值体系中，夜间活动标志罪恶深重。所有夜行动物，比如狼、狐狸、猫、刺猬、獾，都是负面生物。犹太人也一样，宁愿待在黑暗中也不愿承认救世主的荣耀，所以猫头鹰经常代表犹太人。最好永远都不要听到、见到这种不祥之鸟，因为巫师肯定就在其不远处。中世纪末期，近现代伊始之际，猫头鹰甚至成了巫师夜会的“明星”。

几种奇异鸟类

在动物图鉴和禽鸟图鉴中，**白鹮**就是一种不洁的天鹅，生活在尼罗河畔，“归海之处”。它不会游泳，又顽固懒惰地不想学习，于是从不下水捕鱼，只是整日在河边踱步，以淤泥、虫子、腐尸、水蛇蛋为食，但只吃这些会导致便秘，幸好它很会给自己通便，用弯弯的大嘴取些水，伸入屁股，虽有碍观瞻但立竿见影。所以这种鸟很肮脏，不仅懒惰愚蠢，还卑劣恶毒。有些作者承袭希波克拉底（Hippocrate）[①]和盖伦的说法，说人类观察白鹮的行为才发明了灌肠。好的基督徒不应该像白鹮那样，不该怕水，水能净化，不该吃不洁之物，也不该关注身体的羞处。

① 希波克拉底（前460—前370年），古希腊时期的医生，被称为“医学之父”。其著作《希波克拉底誓言》是从医人员入学第一课要学的重要内容。

▲ **鹈鹕与它的雏鸟**（约1260—1280年）

在中世纪，鹈鹕几乎总象征复活。鹈鹕妈妈刺破胸口，将血洒在死产雏鸟（或是被鹈鹕爸爸杀死的雏鸟）身上，让它们复活。这救命之血就好比基督之血。

富伊瓦的于格，《禽鸟图鉴》，伦敦，大英图书馆，斯隆手抄本278，16页正面。

鹈鹕是这方面的楷模。它也生活在尼罗河边、沙漠之中，但它和白鹮不一样，它全身洁白，非常干净，虔诚，有诸多美德，行为可敬。《博物论》及后来的动物图鉴都说鹈鹕会以喙啄胸，将自己的血洒在死产雏鸟身上让它们起死回生，这象征基督在十字架上流血为我们赎罪，引我们走向永生。多本禽鸟图鉴加入了各种细节，将这个典范故事演绎成家庭悲剧。小鹈鹕出生几天后，因为饿坏了就用小小的喙去啄父母讨食吃，鹈鹕爸爸被惹烦了，也去啄小鹈鹕，忘了自己力大，竟把小鹈鹕啄死了。它羞愧地离开鸟巢去悔过。鹈鹕妈妈伤心欲绝，哀鸣不止，拍打翅膀刺破两肋，结果把血洒到了孩子身上，救了它们一命，让它们起死回生。失血过多、筋疲力竭的鹈鹕妈妈躺在巢底等待死亡。有些不知感恩的雏鸟置之不理，但有些知恩图报的雏鸟会为它找来食物，慢慢地，它也恢复了生气。鹈鹕爸爸回来，看到自己孩子的行为，就惩罚坏孩子，奖励好孩子。

还有些图鉴说，一只“恶鸟”杀了小鹈鹕，是鹈鹕爸爸让雏鸟复活，而不是鹈鹕妈妈。狮子吹气让孩子复活，而鹈鹕洒血。

基督教早期教父、布道者、禽鸟图鉴的作者对鹈鹕有无数比喻和论述，时而将其比作三日之后令其子复活的上帝，时而将其比作为拯救人类而死在十字架上的基督。有时还比作圣母，其温暖的翅膀被比作圣母救人的宽大斗篷。对父母不好的雏鸟就是不知感激造物主的人，或是违背命令偷食禁果的亚当和夏娃。孝敬父母的就是好基督徒，知道要像尊重上帝一样尊重父母。中世纪末期，鹈鹕成为奉献和仁慈的标志。许多高级神职人员和教团都以它为徽章、印章。

里夏尔·德·富尼瓦尔更人性、更入世，也更自我。情场失意的他将鹈鹕比作不愿回应他求爱的女子：

> 我们都知道鹈鹕能让孩子复活，也知道它是怎么做的。鹈鹕当然非常爱自己的孩子……但它生性骄傲，不能容忍孩子对自己不敬，被怒气冲昏头脑时会杀死孩子，杀了之后又后悔万分，于是抬起翅膀，用嘴戳开侧肋，让鲜血喷洒在死去的雏鸟身上，这样就能让它们起死回生。
>
> 我爱的人啊，初识之时，你与我常相往来，我仿佛成了你的雏鸟。你的笑颜让我以为应该大胆吐露真情。我对你表白真心，你却不在意，我的

Caladrius sicut dicit
est albus. nullam pt
Cuius interior fimus c
gine. Hic in atriis regum int

话似乎也没有让你高兴。你杀了我，让我死于爱情。如果你愿意打开美丽的心灵……给我那颗被深爱的心，你就能让我复活。将心付我，就是救我的良药。[42]

还有一种灵鸟，叫作“**卡拉德留斯**”（caladrius），浑身雪白，形似海鸥或天鹅，看着病人就能令其痊愈。治病时把它放在病人床上，如果它觉得还有救，就会与病人对视，不一会儿病人就恢复健康，如果它觉得没救了，就会转过头去，病人当夜即亡。这种鸟从不出错，所以卧病在床的国王、王后既想看见它又怕看见它。

◄ **灵鸟治病**（约 1240 年）

灵鸟“卡拉德留斯”有一种神奇的特性，看病人一眼就能让其痊愈，但如果它认为回天乏术，就转头不看病人，病人必死无疑。其诊断从不出错。

拉丁文动物图鉴，牛津，博德利图书馆，博德利手抄本 764，63 页反面。

蝙蝠就更吓人了。中世纪文化认为这是一种鸟，但并非一般的鸟，它长着老鼠的身体和狮鹫的耳朵，能飞行却不下蛋，能在地上行走却怕水，好像会飞的老鼠。有些作者就称其为“鸟鼠”，有些认为它和鼹鼠一样看不见，还有些认为它只以灰尘和蛛网为食。蝙蝠有一种惊人的感知力，不看、不听、不摸甚至不呼吸都能觉察到危险。但它是个叛徒，鸟类和兽类打仗时，既会飞又会走的它一会儿站在这边，一会儿站在那边，总是选看起来要赢的那一方。

▼ **蝙 蝠**（约1195—1200年）

中世纪的作者不知该将蝙蝠归入哪一类，鸟？兽？虫？有些称其为“鸟鼠”，有些称其为“小狮鹫”。蝙蝠昼伏夜出，有翅膀却没羽毛，受魔鬼钟爱，让所有人害怕，是完全负面的动物。

拉丁文动物图鉴，阿伯丁，阿伯丁大学图书馆，手抄本24，51页反面。

蝙蝠习惯夜间出没，这让它成了完全负面的动物。它象征宁要黑暗不要救世主荣光的犹太人。它的叫声如痴人癫笑一般，“正直之人的耳朵无法忍受”。它的脸很难看，好像

模仿人而愈显丑陋的猴子。魔鬼钟爱蝙蝠，蝙蝠也把无羽之翼借给魔鬼，让他在夜晚飞去参加巫师密会。蝙蝠和魔鬼一样，喜欢藏起来然后突然出现吓唬人和其他动物。

凤凰更加令人惊奇，是所有鸟中最奇妙的。世上只有一只凤凰，很大，美得无与伦比，脖子由纯金做成，胸口绛红，翅膀如蓝宝石、祖母绿般闪耀，趾甲是红宝石。但要看到凤凰几乎不可能，它知道大家都想抓它，不仅是猎人，还有猛禽和恶龙，于是躲在阿拉伯的沙漠里。凤凰可以活很久，500 年、1000 年，甚至更久。感觉快死时就给全身涂满香料、没药、乳香，然后在阳光最强烈的地方堆起柴火，拍打翅膀，点燃柴堆，躺在上面渐渐死去，但三天三夜之后又会从灰烬

▲ **柴堆上的凤凰**
（约 1200—1210 年）

看到凤凰几乎是不可能的，世上只有一只，美丽至极但一直躲着。它感到快死时就会把全身涂满香料，堆起柴火点燃，躺在上面渐渐死去，但三天之后又会从灰烬里重生，恢复青春，翅膀也更加美丽。凤凰象征复活，柴堆上的凤凰代表十字架上的基督。

拉丁文动物图鉴，伦敦，大英图书馆，王室手抄本 12 C XIX，49 页反面。

里重生，恢复青春，展开更美丽的翅膀，飞向新的生命。

死于柴堆之上的凤凰象征死在十字架上的基督，两者都让我们相信死而复生确有其事。

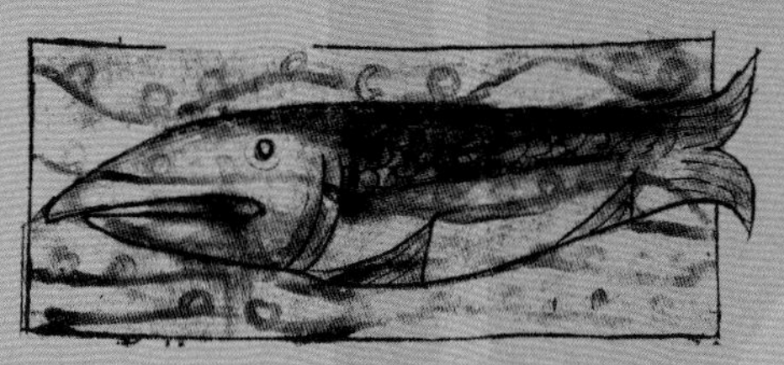

鱼类和水生动物

ac decrescentibz postea fluctibz cu pre

whale

thesauros in celo. ubi neq; erugo. neq; tinea demolitur
& ubi fures n̄ effodiunt nec furantur. Tinea u̅ que ue-
stes corrodit latent̄. designat inuidiā que studiū bonū
lacerat & cōparationē unitatis demoliri n̄ cessat. Fu-
res nāq; demones atq; heretici st̄ de quibȝ ūitas ait. Omīs
q̄tquot uenerunt. fures sunt & latrones.

Pisces.

· 鱼类和水生动物 ·

大海一直令中世纪的人恐惧。城市和村庄不会直接建在海边，都要远离汹涌的波涛，避之唯恐不及。港口也要建在海湾的庇护中。很少有人去海滩，有各种关于海滩的古老迷信、悲剧传言、异教仪式，最好不要冒险前去，尤其是夜里。

海涛比海岸更可怕。所有敢于面对大海的人都不是等闲之辈，首当其冲的就是水手。传记作者、小说家、布道者经常把他们说成恶人。水手有时抢劫旅客、朝圣者的钱财，然后把他们扔在荒岛上，有时把他们当奴隶卖给海盗、异教徒，或直接扔下海。靠岸休息时，水手也行为不端，总去酒馆和妓院，与村民吵架，惹是生非，无法无天，既不遵守教规，也不遵守国法，他们粗暴贪婪，淫荡无耻，好像与魔鬼订立了契约。到 17 世纪水手的形象才有所好转，而浪漫主义文学中正直高尚、以海为生的水手则要等到 18 世纪。

△ **鲸**（约 1200 年）

英文动物图鉴，剑桥，菲茨威廉博物馆，手抄本 254，33 页正面。

◄ **海洋动物**（约 1230—1240 年）

可怕的海洋中不仅有鱼，还有各种各样、奇奇怪怪、与陆地动物相似的海洋动物，比如海马、海猪、海羊、海蛇，以及海僧侣、主教鱼。

拉丁文动物图鉴，伦敦，大英图书馆，哈雷手抄本 4751，68 页正面。

大海与海怪

害怕大海还有更深层的原因，最主要的就是害怕溺亡。这种死法恐怖悲惨，死无葬身之地，做不了临终圣事，身体永远被困在地狱般黑暗的深海中。因此，溺毙仿佛是残酷的惩罚，只有罪孽深重之人才会遭受，而且不经过炼狱直接到地狱最深处。乘船启航、直面凶险大海没什么可羡慕，更不是开心之事，只叫当事人恐惧，旁观者同情，引来议论纷纷。这样的冒险通常没什么好下场，这么做的人不是疯了就是受了诅咒。为路易九世①作传的茹安维尔（Joinville）②就曾于1248年穿越地中海，陪同国王进行他的第一次十字军东征。他和大部分骑士一样被吓坏了，高声说道：

> 去海上冒险的人真是疯了般勇敢，将自己置于重大的危险和致死的罪恶中，晚上入睡时都不知道第二天早晨会不会葬身水底。[1]

溺毙是种羞耻、可鄙、邪恶的死法。海难之地都会闹鬼，飘荡的灵魂在深夜或风暴中嘶吼，要求给一处葬身之地。

害怕大海还有另一个原因：海里的生物都很神秘，令人不安甚至恐惧。中世纪对鸟类很了解，因为鸟类易于观察，也很便于用来举例，但中世纪的人对鱼类知之甚少，认为鱼是奇怪的生物，不用呼吸，生活在不友善的环境中，其他构造正常的动物到了那里都只能窒息而亡。鱼类好像与魔鬼订立了契约。水底就像地狱，黑暗，令人窒息，让人死亡，死后还要受各种可怕的折磨，惩罚永无止境。直到16世纪，西方文化才开始视大海为生命之源，而不是死亡之所。

就鱼而言，中世纪偏爱淡水鱼而不是海鱼，认为淡水鱼更纯净、更健康、

---

① 路易九世（1214—1270年），法兰西卡佩王朝国王（1226—1270年在位）。被称为“圣路易”，有虔诚的基督教信仰，曾两次参加十字军东征。

② 让·德·茹安维尔（Jean de Joinville，1224—1317年），中世纪法国最伟大的编年史作家之一。其代表作是《圣路易传》。

更有营养。通常现杀现吃，所以也更贵，只会出现在权贵的餐桌上。权贵们就算生活在靠海的地区也很少吃海鱼，吃贝类更少，吃鱼以鲤鱼、鳗鱼、白斑狗鱼等淡水鱼为主，从不吃鲭鱼、鲻鱼、鲱鱼。这些被风干或腌渍后在市场上售卖，给城里的工匠和乡下的农民增添一点儿肉食。捕海鱼为生的人和水手一样名声不好，出海捕鱼不是好活儿，好基督徒不应从事。布道者也喜欢以法文“捕鱼”（*pêcher*）谐音“犯罪”（*pécher*）。

大海里还有比鱼更可怕的。波涛之下生活着恐怖的怪物，有巨大而危险的鲸，也有残忍而喜欢骗人的塞壬。后者用婉转的歌声吸引水手，将其骗进地狱般的深海。那时再祈求水手和旅人的保护者圣尼古拉、圣克莱芒、抹大拉的马利亚都为时已晚，其神力到不了水下。那里是可怕怪物的领地，有已知的庞然大物，也有无名的杂合物种，形似陆地动物甚至人类，但长着尖利的鳍、巨大的尾、怪异的牙和角。深海动物就像黑暗地狱中的动物一样，等待被诅咒之人到来。

水下也有些动物与陆地动物对应。它们非常可怕，如恶魔一般，与人类和陆地动物为敌。动物图鉴会提到主要的几种，首先是海僧侣。这是一种人头鱼身的怪物，留着僧侣的发型，肩上好似披着僧侣的罩袍，但两臂被鱼鳍代替，浑身覆满鳞片，长着鱼尾。还有其他半人半鱼或半动物半鱼的怪物，比如海神父、海尼姑、主教鱼、海狗、海驴、海猪、海牛、海狮、海虎、海象、海蛇、海虱等。15 世纪的纹章语言称之为“鱼化”。

16 世纪的动物学著作中，这些奇异的生物仍有一席之地。拉伯雷（Rabelais）[①]的朋友纪尧姆·龙德莱（Guillaume Rondelet）[②]对鸟和鱼观察细致，作为医生也解剖过人和动物。他于 1555 年发表了一篇关于鱼的著名论述，

---

① 弗朗索瓦·拉伯雷（Francois Rabelais，1483 到 1494 年间—1553 年），文艺复兴时期法国人文主义作家、僧侣。其代表作是《巨人传》（*Gargantua and Pantagruel*）。

② 纪尧姆·龙德莱（1507—1566 年），法国蒙彼利埃大学医学教授、解剖学家、自然学家。

还在其中画出了海僧侣的样子，并说：

> 此图所依照的样本乃是杰出的纳瓦拉王后玛格丽特所赐。她从某贵族处取得，此贵族还将一个相似的给了当时在西班牙的神圣罗马帝国皇帝查理五世。此贵族说曾在挪威见过画中这种怪物，在“德内洛波克城”（Denelopoch）附近的“第则”（Dieze）被冲上沙滩。我自己也曾在罗马看到过类似的画。也有人说在挪威有许多人看见过长着鱼鳞的海人在海滩惬意地散步、晒太阳，但一发觉有人在看就又潜回海中。[2]

让我们回到中世纪，尤其是12世纪和13世纪。那时，抄写员及读者、布道者及信众对大海的印象还非常接近《圣经》的描绘：可怕、混乱、死亡，怪物和恶魔在其中涌动，突然起来攻击人和修道士。先知约拿的故事就让人心有余悸。他被鲸鱼吞下后又被吐了出来。①人们更害怕《启示录》中那样的怪物，多头多角，从海中出来挑战上帝，折磨教徒。海路进攻，比如维京人或海盗来犯，也最令人畏惧，因为无处不在、亘古不变的大海是死亡的标志。基督曾行于水面，也曾控制住加利利海（Tibériade）②汹涌的波涛，只有他能在某天制服大海。世界末日之时，最终审判之后，他会摧毁大海，为人类带来永恒的安宁，“海也不再有了……不再有死亡”，《启示录》如是说。[3]

▸ 被当成岛屿的鲸
（约1230—1240年）

鲸在中世纪既是巨大的怪物也是最大的鱼，所以身上常画满鳞片。其身体如此之大，以至睡觉时背部会露出水面。水手们误以为是个岛，停靠于此，生火做饭。悲剧的误会最终变成一场灾难，所有动物图鉴都有叙述。

拉丁文动物图鉴，大英图书馆，哈雷手抄本4751，69页正面。

鲸

在中世纪文化中，鲸是一种鱼，而且是最大的鱼。不过，它并不是海洋之王，海豚才是，所以图画中海豚经常戴着王冠。如果史学家忘了中世纪并没有“哺乳动物”的概念而把海豚当作“海洋哺乳动物”来研究，那就是以今度古，他也不会明白海豚为何头戴王冠。中世纪动

① 见《圣经·旧约·约拿书》。但其中只说约拿被鱼吞下，未明确说是鲸鱼。

② 加利利海，即太巴列湖，但它并不是海，只是在传统上被称为海，它是以色列最大的淡水湖。

物图鉴对海豚着墨并不多，古典作者对海豚的论述倒很多，滔滔不绝地说它喜欢音乐，喜欢孩子，死法也独一无二。中世纪主要说其迅速，不以蛋繁殖，身体构造也很奇特：嘴巴长在肚子上。

> 海豚是一种大海鱼，会被人声吸引。它是海中速度最快的生物，能飞一般地从海的一边到另一边。但海豚不会单独行动，总是成群结队。水手看到成群游动的海豚就知道风暴临近了，因为海豚就是在躲避风暴，逃跑时非常不安，好像被闪电击中了一样。
>
> 要知道，海豚是胎生而非卵生。雌海豚怀胎十月，产下小海豚后以奶水喂养。父母会将小海豚含在喉咙里保护。海豚能活 30 年……嘴并不长在其他鱼类那样通常的地方，而长在肚子上……海豚巧舌能言，声如人泣。[1]

尽管海豚是鱼中之王，但在动物图鉴中鲸才是明星。它是海中珍奇，身形巨大，鳞片的颜色和沙子一样，所以有时会被水手误认为是岛屿，但水手这样会大祸临头！他们停靠驻扎，生火做饭，烤火取暖。鲸感到背上灼热而醒来，暴怒地将水手、船只、货物全部拖入海中，然后一口吞下。其胃巨大无比，先知约拿在鲸腹中待了好几天仍觉得十分宽敞。

有些作者说鲸可以长时间一动不动地待在同一个地方。这是在睡觉，只有背部露出水面，好像高山一样。有时，它睡得如此之久，以至背上都长出了绿草灌木，所以水手才会弄错。把鲸背当作小岛的水手象征追求人间享乐而相信了魔鬼的人，魔鬼吞噬了他们！海中鱼儿的命运也好不到哪里去。鲸和魔鬼一样善于引诱，吐气芬芳，能引来很多鱼，通常是最小、最无辜的那种。它们进入鲸张大的嘴巴，呼吸这种无与伦比的香气。等嘴里的鱼足够多时，鲸就突然闭上嘴巴，把一切都吞下去，真是魔鬼一般的诡计。

所以鲸看起来是一种可怕的怪物，好像《圣经》中的“力威亚探”（Leviathan）[①]。它嘴巴巨大，内

▸ 鲸的产物（约 1510—1520 年）

中世纪不区分须鲸和抹香鲸，有些作者认为须鲸是雌性，抹香鲸是雄性，但所有作者都说从二者身上可取得许多有用之物，比如油脂、肉、骨、鲸须、齿、皮，还有“龙涎香”，又称“灰琥珀”，是抹香鲸的固化排泄物，被当作宝石或名贵香料。

《药草之书》（*Le Livre des simples médecines*），巴黎，法国国家图书馆，法文手抄本 12322，168 页反面。

① “力威亚探”也就是“利维坦”，在新教和合本《圣经》中译为“鳄鱼”，在和合本修订版中译为“力威亚探”。见《圣经·旧约·约伯记》41 章。

Auripigmentu
Bolarmeniac
Ambre gris

里黑暗，齿多而尖利，似能咬合，又能吞下“比熊还大”的猎物。动物图鉴和百科全书都问，如此巨大的动物要如何繁殖？雌性的生殖口在肚子下方，而雄性（有时会把抹香鲸当成雄性）的性器又不明显，要如何交配呢？有些作者想象出如杂技一般的激烈动作，能把鱼赶跑，把船弄翻，甚至能让海水决堤。他们说有座城市就是因为两头鲸在离岸不远处疯狂交配而被海水淹没。[5]还有的说雌雄交配时并不接触，雄性把精液射在水里，精液就会循着雌性的气味而自己去到“该去的地方”。[6]布吕内·拉坦说得更具体，他说是海蚌负责运送精液，因为海蚌是“鲸的挚友”。[7]所有文章都说鲸繁殖力很弱，康坦普雷的托马还讽刺地补充说“所有大型动物都一样”。[8]鲸在漫长的一生中只生两三胎，每胎一子，所以捕鲸就更加困难。

捕鲸是非常危险的活动，在欧洲北海和大西洋中进行，更像狩猎而不是捕鱼。近 13 世纪中期，多明我会修士博韦的樊尚在其百科全书中对捕鲸做了生动的描绘。捕鲸需要多艘船和许多水手合作，先把鲸围住，打鼓敲钹，因为鲸对声音很敏感。然后由最勇敢的水手趁鲸被声音吸引之际将鱼叉插到其背上，并迅速躲开，因为鲸会暴怒，胡乱扭动，不过这样反而扩大了伤口。水手们远远看着鲸潜入海中又浮上来，用尾巴大力拍水，竭力想把背上的鱼叉弄下来，但一直做不到，最终放弃，等待死亡。这时水手们靠近，绕着鲸围成一圈，用鱼叉一下下将其戳死，并用缆绳捆住。胜利归来的他们把鲸拖到海岸上，在那里分割，浑身上下都可利用[9]，比如油脂、肉、骨、鲸须、舌、齿、皮。领主和修道院也会从中抽成，或征税，或拿实物。鲸舌尤其受青睐，是一道美味佳肴。[10]

13 世纪，加斯科涅湾（Gascogne）① 的几座城市专事捕鲸，印章上刻有博韦的樊尚所描绘的那种场景，甚至能让人身临其境地感到危险。[11]自中世纪起，捕鲸养活了挪威和冰岛的许多沿海居民。多份法规文件让我们知道捕鲸如何组织，有哪些人员参与，他们配套细致，甚至还有今天所谓的“保险”。[12]这些文件提到了各种不同的鲸，有些甚至分出 30 多种。[13]

诺曼人“教士”纪尧姆在其《神圣动物图鉴》中并没有分得这么细，但与其他作者不同的是，他将须鲸和抹香鲸区分开来，称雄性须鲸为“*cetus*”，

① 加斯科涅湾也就是比斯开湾（Bay of Biscay），北大西洋东部的海湾。

是一种可怕的怪物。在拉丁文动物图鉴中，这个词一般兼指须鲸的雌雄两性：

> 海中的鱼与地上的兽、天上的鸟一样多种多样。有些白，有些黑，有些带斑点，还有些是棕色的，但要认识其本性不像认识陆上动物那么容易。海中还生活着鲟鱼、须鲸、大菱鲆、抹香鲸，以及一种名为鼠海豚的大鱼。还有一种十分吓人的怪物，喜欢作恶，非常危险，拉丁文叫“*cetus*”。水手们都很怕这种怪物。[14]

动物图鉴有时还会提到一种特别的鲸，叫作“锯鳐”（*serra*）。这是一种半鱼半鸟的怪物，生有巨大的双翼，背上还有长长一排尖利的脊突，可刺穿船只。它会把船顶到空中，远离目的地，累了又把船扔回波涛里摔得粉碎，水手也都淹死，没有临终仪式，也没有墓地，正如内心半冷不热、不知感恩的基督徒被强大的怪物——魔鬼拖入罪恶之中。

海鱼

动物图鉴说海里有许多种鱼，但只提到几种，对鸟的论述比鱼多得多。鱼对动物图鉴的作者而言是奇怪的生物，令人害怕也令人钦佩。有些作者将其表现为波涛中游动潜行的蛇，但也有些说其行为对我们有教益：

> 有些鱼会直接生小鱼……生下之后悉心看护，防止哪怕最小的威胁。小鱼若害怕，它也懂得以慈母之心安慰、保护。它张开嘴，让小鱼挂在牙齿上，并不会伤到它们，再把小鱼藏入曾经孕育它们的腹中。哪一种人类情感能与这些鱼对孩子的关爱相比？对我们而言，亲吻已然足够。对它们而言，打开母腹保护小鱼安然无恙，吹热气让小鱼重生并能自己呼吸，共住一个身体来保护小鱼不受伤害，这些都不为过。谁见此能不为鱼的这般温柔动容呢？[15]

但不是所有的鱼都值得敬佩。有些很凶残，连自己的孩子都吃；有些很淫乱，甚至与其他物种交配；有些很会使伎俩，难以捕捉，就像那些诡计多端、不愿听从上帝训诫的人一样；还有些胆小怕事，最终害了自己。

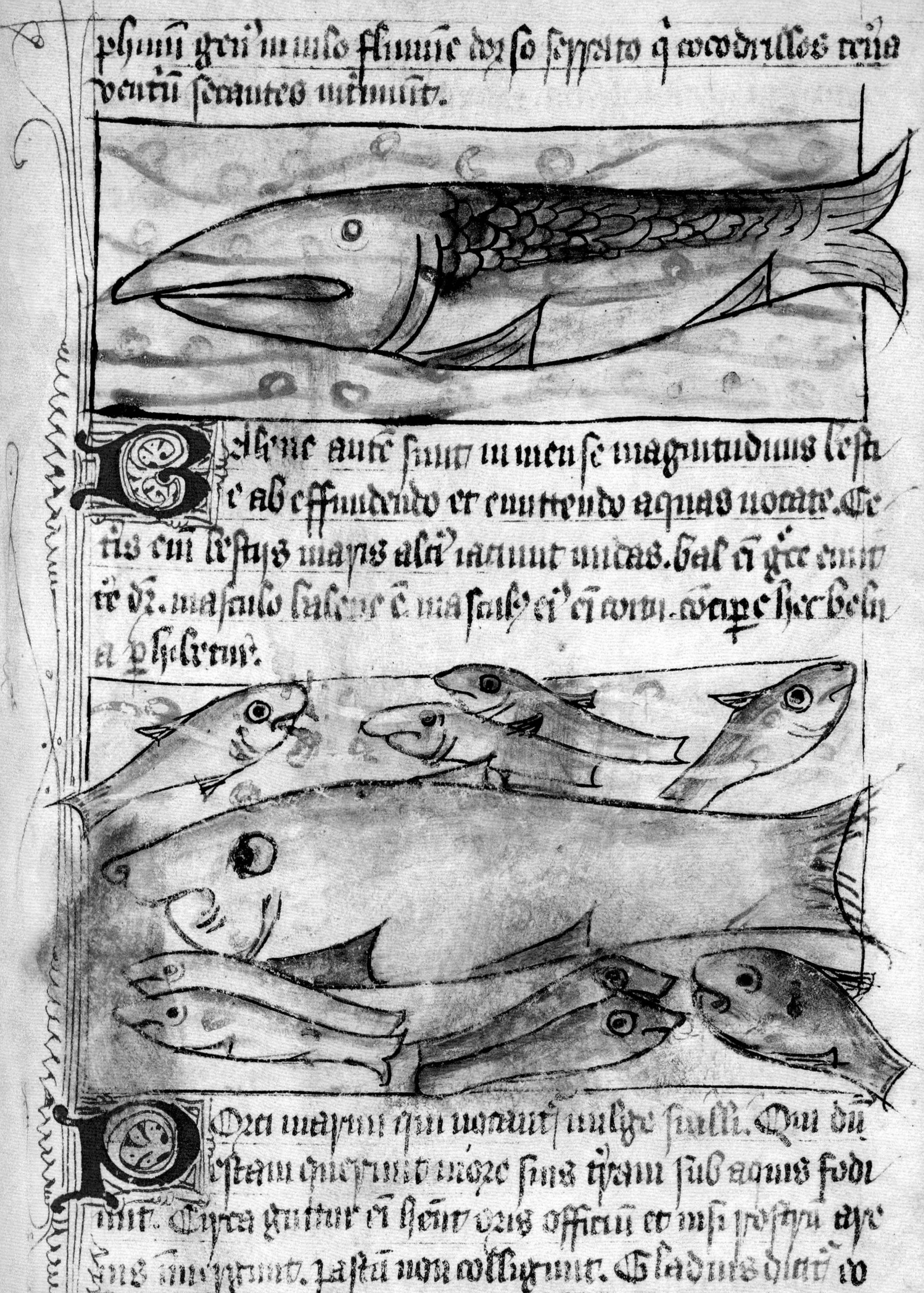

pharium genus in nilo flumine dicunt se reperisse quod crocodillos terra venientium serpentes interimit.

Ballene autem sunt inmense magnitudinis bestie, ab effundendo et emittendo aquas vocate. Ceteris enim bestiis maris altius iaciunt undas. Bal enim grece emittere dicitur. Masculo balene est masculus eius comes. Cete hec belue a phisicis perhibentur.

Porci marini qui vulgo vocantur suilli. Qui dum escam querunt more suis terram sub aquis fodiunt. Circa guttur enim habent oris officium et nisi rostrum arenis inmergant, pastum non colligunt. Gladius dictus eo

鲻鱼就和鸵鸟一样，害怕时只把头藏起来，以为这样就安全了，其实鲸鱼一下就把它吞了。这种鱼实在可笑，肉质倒是细嫩。**鲫鱼**（*echeneis*，也称 *remora*）则机灵得多。它体型虽小，却能用大石头压住自己以抵抗风暴，它带着这石头，"就像锚一样"。它的吻端长着吸盘，可以附在船只上，让船停下或按它的意思行进，有时把船带离风暴，有时又把船带进风暴中心，全看它的心情。[16]

鲟鱼是唯一一种鳞片从尾向头倒着长的鱼。它可以假装向某个方向游，和魔鬼一样是骗子，但肉质非常鲜美。另外，鲟鱼能治"泄泻"，还能消除人因贪食而堆积在肚子里的所有不洁之物。**剑鱼**则不同，体型非常大，鼻子长如剑，上面还长着锯齿。它很善于利用这件武器来吓唬别的鱼、撕破渔网、刺破船体。甚至敢和鲸鱼叫板，把剑插入其腹中。没有鱼如此好斗。但人们也为了食肉而捕它，因其肉质丰厚而有营养，能治病滋补、强身健体。渔夫害怕它的利器，在捉上来之前就想办法用斧子将其砍断。剑鱼没有了"剑"就不那么危险了。但斧子经常斗不过这把"剑"，剑鱼会在较量中胜出。[17]这代表骑士（剑鱼）和官吏（渔夫）之争，人类的武器并没有更胜一筹。

海鳝更特别，不长鳞，鱼不该这样。它和鳗鱼一样柔软，"像狐狸和蛇一样弯来扭去"地行进，不走直线。其命门不在头上也不在胸口，而在尾巴上，猛击其头部没有任何效果，但只要轻轻击打尾部就能令其毙命。像鳗鱼一样又软又长的身体让人以为它是一种海蛇。有些作者说它喜欢与一种充满毒液的蛇"*berus*"交配。为了不把对方毒死，这种蛇在交配前会把毒放在石头上，之后再回来找。魔鬼也用同样的方法对待我们，除去自己的毒，假装美好引诱我们。我们和海鳝一样被这诡计蒙骗。[18]

◄ **海 猪**（约1400—1420年）

许多海洋动物都有对应的陆地动物，海猪就是其中之一。动物图鉴时而将其描绘为长着野猪头、长獠牙的大鱼，时而说是全身覆盖鳞片，长着鱼尾、鱼鳍的猪。这本插图动物图鉴比较晚近，画师不知遵循哪种说法好，于是将海猪表现成一条普通的大鱼。

拉丁文动物图鉴，哥本哈根，皇家图书馆，手抄本 Gl. kgl. S. 1633 4.，61 页正面。

多位作者说海鳝只有雌性，为了繁殖，它们不是和充满毒液的蛇交配，而是在沙地或岩石上和雄蝰蛇交配，因为海鳝离水也可以存活一段时间。“阴险毒辣”的雄蝰蛇会吹哨引诱海鳝，而海鳝闻之即来。1240 年前后由佚名作者编撰的拉丁文《博德利动物图鉴》就说：

> 蝰蛇肉欲起时就去找海鳝，它靠近海边，吹哨表示自己来到，召唤海鳝前来交配。海鳝听到这呼唤从不失约，给予蝰蛇所期待的一切愉悦。蝰蛇看见海鳝前来就把毒都吐出来，对海鳝即将给予的爱表示感激。[19]

这看似是个通奸的故事，作者却做了长而奇特的评论，把蝰蛇比作男人，把海鳝比作女人，不过不是偷情的情人，而是结发夫妻。作者表示，妻子在丈夫要求行房时不应拒绝给予欢愉，还说：“女人啊，你以辱骂拒绝丈夫……行房之时挑起争吵的总是你。你不知放弃你的毒液。”[20]这样的解读出人意料，但由此可见中世纪教士一贯鄙视女性的态度。

鹦嘴鱼则与海鳝大不相同。它有鳞却没有牙，幸亏生得巧妙，能像牛羊反刍一样在肚子里长时间翻来覆去地消化食物。它被渔网捕住时不会以头伸出网眼竭力挣脱，而是把尾巴探出网眼，会有另一条鹦嘴鱼来拉它，一条不够就会来好几条。我们也应该像鹦嘴鱼一样互相帮助，但不能像它那样淫荡，这也是它被渔网捕住的原因。水手们都很清楚雌性鹦嘴鱼对雄性有巨大的吸引力，只要抓住一条“他们觉得最漂亮的”雌鱼，用细麻线拴住嘴巴拖在船后，就能引来许多雄鱼跟着游，水手只要撒网就够了。[21]

同样的方法也可用来捕**白海鲷**。它们成群行动，雄鱼一直追求雌鱼，会像山羊一样为占有最多的雌鱼而争斗。于是，渔夫以雌鱼为诱饵，撒一次网就可以捕到许多雄鱼。魔鬼也一样，他在我们的道路上安放了许多十分诱人的美女，引诱我们走向死亡。我们应该像大圣人安东尼那样[22]，抵御肉体之罪，牢记光滑洁白的肉体之内往往藏着最黑的污泥。我们要像白海鲷那样因经不起诱惑而被害吗？

捕捉肉质硬但鲜美的**叉牙鲷**则要用另一种方法。这种鱼看似美丽，却以其他鱼的排泄物为食。水手们就用一种叫作“雄鸡粪”的东西作饵。叉牙鲷闻味而来，上钩落网。这种鱼还是个伪君子，华丽的金银条外表之下藏着黝黑的肉，不过一煮就变软变黄。[23]

金枪鱼的肉是红色的。这是种血性的动物，好斗，尤其是和剑鱼相斗。印度海域中的金枪鱼如此之多，以至于亚历山大大帝要杀出一条路才能让船队通过。这些鱼其实不坏，打斗对它们而言更像比武而不是战争。另外，金枪鱼也喜欢跟随船只为水手表演。在埃塞俄比亚的海中，雌性金枪鱼不下蛋，而是像海豚一样直接生出小鱼，并以奶水喂养。当地人找这种奶来喝，因为喝了之后皮肤颜色会变浅。埃塞俄比亚及其他地方还有种说法：用金枪鱼血抹脸就不会长胡子。这种奇妙的特性让人免去剃须的麻烦，原因是金枪鱼皮的盐分很多，比其他任何鱼都多。[24]

海蜈蚣是一种有毒的鱼，不能碰，想捉住也很难。它咬钩了之后会把鱼钩连同五脏六腑都吐出来以逃生，然后再用嘴小心地将呕吐物分开，除鱼钩之外都吃回去。它和母狗、母猪一样，“总要吃自己的呕吐物”，就像再三犯罪的人，许多次都以为逃脱了惩罚，但最终还是难逃一死。

牡蛎、海豹、美人鱼

在中世纪的百科全书中，牡蛎就是长在贝壳里的鱼，随月升月落自由开合。月升时因“海上晨露”或阳光受孕。世界上没有比“海上晨露”更纯净的东西，因此受孕会产生珍珠。牡蛎象征圣母，因天露，也就是圣灵而受孕，产下一枚珍珠——耶稣基督。牡蛎的死敌是龙虾，这是一种魔鬼般的动物，长着角和螯。龙虾施诡计捉牡蛎，趁张开时投入石头，导致牡蛎合不上，龙虾便将其吞噬。有些作者说螃蟹也会用此伎俩。它也是魔鬼的造物，只会倒着或横着走，从不直着向前走，恶毒之人亦然。螃蟹唯一的优点就是身体里有一种汁液可以解蛇毒，食少许就可奏效。鹿被蛇咬了之后就会吃螃蟹或螯虾解毒。

布吕内·拉坦要人们分清蟹和螯虾，蟹生活在海里，而螯虾生活在河里，除此之外也无甚区别。牡蛎则绝不能与其他贝类相混，因为只有牡蛎能产生珍珠：

◄ **牡蛎与壳**（约1280—1290年）

动物图鉴和百科全书经常将牡蛎说成带壳的鱼，壳保护它不被螃蟹和龙虾捕食。牡蛎也会张开壳晒太阳取暖，并因“天露”受孕。由此产生珍珠，它是所有珍宝中最贵重、最令人赞叹的，比黄金、钻石、蓝宝石、象牙更珍贵。

富伊瓦的于格，《禽鸟图鉴》，瓦朗谢讷，市立图书馆，手抄本101，200页正面。

牡蛎是长在壳中的海鱼。壳圆形，可任意开合。它一直待在海底，早晨和傍晚会到海面收集露水。阳光照在壳上，露珠就凝固成一颗一颗，但只要牡蛎还在海中，这些凝露就不会硬如磐石。把牡蛎从水中取出打开并拿出露珠时，凝露才会变成白而珍贵的小石子，称为“珍珠”。如果晨露很纯，则珍珠也白而亮，否则就不白不亮。珍珠大不过半寸。

海中还有另一种贝类，叫作骨螺，大部分人错称其为牡蛎。将其壳划破会渗出液体，可用作紫红色颜料。这种颜料来自其外壳。[25]

中世纪早已不知古典时代的紫红色如何调配，至少在西欧已失传。地中海东部的拜占庭和伊斯兰国家还知道如何从骨螺中提取颜料，将羊毛和丝绸染成漂亮的红、黑、紫色。但这不是古罗马的紫红色，那种颜色非常鲜艳，愈久愈亮泽，是古罗马皇帝专用，流传下来的只有名字。

珍珠在中世纪和古典时代一样珍贵。动物图鉴的作者都认为这是一种宝石，甚至是所有宝石中最珍贵的，尤甚于红宝石、蓝宝石、祖母绿和钻石。再没有什么比珍珠更美丽、更纯洁、更贵重。所有珍宝中它列第一，其他宝石第二，黄金第三，之后是象牙、丝绸和貂皮、白鼬皮等皮草。

我们再来看另一种同样神奇的贝类：鹦鹉螺。它虽小却很机灵，最大的乐事就是到海面上像船一样逐浪。它把自己倒过来，用特殊导管从壳里往外喷水，一只触手做帆，一只触手做舵，其余触手做桨，就这样行进，令其他贝类羡慕不已，因为它们只能待在海底。[26]

海龟以壳为家，一有危险就躲进去，但它本身对海中的许多动物就是一种危险。一方面，它的唾液有毒，另一方面，它的下颚有力得可怕，什么都能咬碎，包括石头。它太重，踩到贝壳时会将其踩碎。它虽然长着四爪，但喜欢游泳，天气晴朗时会到海面晒背取暖，但待太久就会死去。陆龟比海龟小，也没有毒，走得奇慢无比，看上去很懒，其实是因为壳太重，走起来很费力。雄龟比雌龟性欲强，每次交配都像在强暴。

海豹也和海龟一样既能在水中生活又能到礁石上休憩。这是一种非常寒凉的鱼，头像小牛或狗，皮能防雷击，可用来做雨衣或帐篷。海豹的叫声好像拖长的呻吟，听见非常不吉利，对人和兽而言都表示死期临近。但北国之人捕猎海豹以食其肉，采其油脂。它的胆汁也很珍贵，有许多功效，尤其是能治癫痫。海豹对此也很清楚。正如海狸会自切睾丸以逃避猎人的追捕，海豹也会放出胆汁以求不被抓住，但它太蠢了，在水里释放胆汁，病人也就得不到治病的药。海豹既不慷慨也不仁慈，而且还很臭，是魔鬼所造。[27]

塞壬则完全不一样，海中的塞壬美丽诱人。古典时代的塞壬可以半人半鸟，也可以半人半鱼，中世纪的塞壬则多为半人半鱼，上半身是女子，下半身是鱼尾。大部分动物图鉴的作者喜欢把半人半鸟的那种称为“哈耳庇厄”（harpie），从头到胸是女子模样，身体是鹰或秃鹫。爪子尖利可怕，每只爪可一次握碎四人。它憎恨人类，但如果给它一面镜子，它又会看到自己其实和刚刚杀死的敌人很像，于是开始哭泣。

海中的塞壬更狡猾。它们只露出上半身，利用美色吸引汪洋中的水手，又用甜美的歌声令其着迷，有时还和“哈耳庇厄”一起，让水手们都昏睡过

◄ **海底半人半鸟的塞壬**
（约 1230 年）

中世纪的塞壬可以半人半鱼，也可以半人半鸟，前者更常见，两种都会祸害水手。半人半鸟的不在海底游，而在船的上空飞行，魅惑水手，令其迷失。画师在这里似乎把两种弄混了。

拉丁文动物图鉴，巴黎，法国国家图书馆，拉丁文手抄本 2495 B，44 页正面。

去。这时塞壬就登船杀人，将水手拖入海底深渊或直接吃掉。为了抵抗其诱惑，大部分水手上船时都会用粗麻堵住耳朵。品德高尚、想保持贞洁之人也应该这样，闭上眼睛，塞住耳朵，以求不屈服于感官。

里夏尔·德·富尼瓦尔在《爱的动物图鉴》中按一贯风格说心仪的女子就像塞壬一样迷住他又杀了他：

> 塞壬有三种，两种半女半鱼，另一种半女半鸟。三种都善音乐，或吹号，或弹竖琴，或歌唱。旋律醉人，如果听到，不管多远都会前去，靠近时就会睡着。塞壬见人睡着便将其杀死……我也可说是死于类似的情形，我们俩都难逃其咎，但我不会指责你背叛，我被你的歌声吸引住，自寻死路。[28]

淡水鱼类及动物

动物图鉴对淡水鱼的论述比海鱼少，有些淡水鱼被说成品德高尚，有些则邪恶可怕。**鳟鱼**相信造物主，自己不孵卵，让水帮它孵，也正是“这些水让鳟鱼出生，赋予它们形状，并作为一切生灵的温柔之母完美地执行这一任务，好像服从于永恒不变的法则，也就是上帝立下的法则”。[29]

鲤鱼自己孵卵。雌鱼觉得要产卵时就唤来雄鱼，雄鱼射出的不是精液，而是一种奶，雌鱼吞入嘴里就受孕了。卵产下后，雄鱼再次释放这种奶，卵就能孵化。鲤鱼以这种方式每年产卵五次，每次超过 60 万枚卵。鲤鱼繁殖力很强，古罗马人将其献祭给维纳斯。这也是一种受月亮影响的鱼。月主湿寒，由亏至盈，鲤鱼脑也随之增长；由盈至亏，液退，鲤鱼就像睡着了一样，渔夫也更容易抓住它。[30]

鲑鱼是河流之主，体色华丽，金底之上有红色星月，头上还依稀可辨一个王冠，是鱼之王者。它遨游千里，巡视河流，确保其臣民——其他鱼类都无危险，还叫它们不要相信梭鱼和鳗鱼。鲑鱼觉得大限将至时，就“食一种藤蔓状的草”，获得勇气和力量，然后顺着自己出生的河逆流而上，越过浅滩和堤坝，到出生之地死去，“十分神奇”。我们也应该这样，在我们出生的地方，也就是造物主的统治中死去。

梭鱼与鲑鱼为敌，想取而代之成为河流之王，尽管它其实更喜欢在湖泊和池塘中游弋，寻找湖底的淤泥和其他鱼的腐尸。它十分贪食，总在捕猎和寻找食物，能吞下比自身大得多的动物。夜间，河岸湿润，月至中天，它还能到牧场上吞食羊羔和牛犊，连狗都怕它。梭鱼的齿巨大，耳朵尖利，身体平直，行动起来不像蛇而像一支箭。人看不见它到来，因为它和魔鬼一样懂得隐藏之术。饿极了的时候它还会吃自己的孩子，甚至别的小梭鱼，所以这种鱼并不多。就算原来有许多，最后也只会剩下一条巨大无比的，因为它把别的都吃了。[31]

鳗鱼就没这么可怕，但比梭鱼更能离水存活，能活好几天。上岸后像蛇一样，又长又黏。有种鳗鱼长达 30 英尺（约 10 米），但只在印度有。鳗鱼诞生于淤泥和其他鱼的排泄物中，河里的这些东西越多，鳗鱼也越多。它们自己也为同类的出生做出了贡献，因为死后不像其他鱼那样浮上水面，而是沉在水底腐坏变质，化作污泥，产生小鳗鱼。

15 世纪末，洛桑主教曾多次命令莱芒湖（Léman）[①]的鳗鱼不要过多繁殖，其数量太多已干扰到其他鱼，也令渔夫打不到白色的鱼而过得很凄惨。但鳗鱼不听主教的命令，继续繁殖，一年一年越来越多，越来越拥挤。主教只好将它们逐出教区。[32]今天，这样的行为令我们觉得好笑，但它表明了中世纪的一种思想，认为众生一体，动物也是“上帝之子”，也是基督教社会的一部分。

大阿尔伯特和几位医生则更实际，他们说鳗鱼非常喜欢葡萄酒，可借此令酗酒无度之人厌恶酒的味道。其方法很极端，把鳗鱼浸在装满酒的大杯中，然后让酒鬼喝，他就再也不要喝酒了。[33]

湖泊河流之中还有些动物并非鱼类，比如**螯虾**。它会冬眠，是水中的魔鬼，长着角和螯，十分凶狠，和所有不循上帝之路的动物一样，只会倒着走。看见须躲避，不能学它的样子。青蛙也一样，是“长在脏水中的毒虫，腹部有斑点，丑不忍睹，被所有人憎恶”。它与同样充满毒液的蝰蛇为友，但比蝰蛇胆小，一有风吹草动就躲入水或淤泥之中。民间谚语经常说青蛙胆小，

① 莱芒湖也就是日内瓦湖（Lake Geneva），是阿尔卑斯山北侧的湖泊，位于今瑞士和法国。

▲ **蜘蛛与蟾蜍**
（约 1300—1310 年）

蟾蜍是青蛙的“近亲”，也很可怕。它厌恶光明，昼伏夜出，这是罪孽深重的标志。蟾蜍口流唾沫，气味难闻，能分泌一种寒性的毒液，一触即成冰。能克它的是也如魔鬼一般的蜘蛛，蟾蜍怕它的毒刺。

里夏尔·德·富尼瓦尔，《爱的动物图鉴》，第戎，市立图书馆，手抄本 526，8 页反面。

比兔子更甚，兔子也因有一种动物比它还胆小而高兴。

青蛙叫得很响，尤其晚上交配时，但如果把它丢进狗嘴里就一声都不吭。许多偏方会用到青蛙的器官或某部分，比如舌头、唾液、毒液、眼睛、皮肤、爪子，多与性有关。青蛙象征淫欲，在罗曼雕塑中也经常标志这一罪恶。多位作者都说青蛙晚上交配是为了群体交欢，好像巫师夜间密会一样。[34]强暴和有悖常理的交媾都不稀奇。青蛙是魔鬼般的生物。

蟾蜍不生活在水中，却是青蛙的“近亲”。它也不被看好。它厌恶光明，也就是说厌恶上帝，喜欢待在暗处，昼伏夜出，以土为食，口流唾液，气味难闻，能分泌一种寒性的毒液，一触即成冰。它和青蛙一样十分淫荡，在黑暗中交配，但它比青蛙更吝啬、自私。布道者切里顿的奥登就在一则寓言中说过：

> 生活在地上的蟾蜍要生活在河里的青蛙给它一些水，因为它渴了。青蛙照办，蟾蜍想要多少就给多少。青蛙要蟾蜍给它一点儿土吃，蟾蜍却回答道："我什么都不给你，我怕土不够，给了你我自己就没吃的了"……吝啬之人就是这样，别人给他吃的，他却不愿回馈，把吃的都留给自己，比所需还多。[35]

蟾蜍集七宗罪之四于一身：贪婪、淫欲、傲慢、愤怒。它经常发怒，鼓得圆滚滚，正如虚荣之人。不过它更厉害，能气到炸裂，也算罪有应得。七宗罪占了四项，也是创纪录了。蟾蜍在魔鬼的动物中必占重要的一席之地。

鳄鱼、河马

鳄鱼也是魔鬼动物中的重要一员，很难找到比它更丑陋凶残的水生怪物。动物图鉴有时将其归为鱼，有时归为蛇。它的身体好像巨大的蜥蜴，长着四个大爪子和短短的腿。《阿伯丁动物图鉴》说鳄鱼可长达5土瓦兹（约10米），约翰·曼德维尔认为可达6—7土瓦兹。两者都说鳄鱼因黄色而得名，依西多禄就已持此说法。拉丁文的"黄色"（*croceus*）很容易与"鳄鱼"（*crocodilus*）联系起来，但画中的鳄鱼很少是黄色的，更多是绿色，甚至杂色，和龙一样。有些作者认为鳄鱼就是"鸡蛇"（*cocatrix*），有些却认为两者截然不同，鸡蛇不生活在水里，鸟头蛇身，是巴西利斯克的近亲，头戴王冠，仅凭目光就能杀人，鳄鱼可不是这样。

鳄鱼身上覆盖着大片的鳞，坚硬又锐利，没有东西能刺穿，埃及人以之做盾牌、盔甲，印度人用作屋瓦。鳄鱼头看起来很恐怖，嘴长而巨大，没有舌头却令人胆寒，因为有许多牙。埃里亚努斯说有60颗，大部分拉丁文动物图鉴也都持此说法。这些牙不用来咀嚼，而用来咬杀。鳄鱼很贪食，因下颚不会动，所以更多是吞而不是嚼。其肠道很长，所以消化也很慢，只能长时间一动不动，晚上在水里，白天在岸边。它和狐狸一样会装睡，然后突然以尾巴立起，抓住靠近的动物。它诡诈、暴力、贪婪，但似乎又知道悔恨。

▸ **鳄 鱼**（约1450年）

鳄鱼非常贪食，看到有人走近就忍不住捉住吞食，但动物图鉴说它之后又会因悔恨而一直哭泣。作者们对这种懊悔是否真诚意见不一。

拉丁文动物图鉴，海牙，梅尔马诺·韦斯特雷尼亚尼姆博物馆，手抄本 10 B 25，12 页反面。

动物图鉴的作者都说，鳄鱼看见人走近会忍不住捉住吞食，但之后又会后悔，并一直哭泣，“教士”纪尧姆说它“一生中每一天”都要哭泣。鳄鱼流泪表示忏悔，它因犯下大罪而受煎熬。我们也应像它一样，为我们的罪悔改。[36]有些作者没有这么宽容，怀疑鳄鱼只是伪善，假装哭泣，其实非常开心美餐了一顿：

> 鳄鱼的懊悔并不真诚。它和伪君子一样，荒淫吝啬，骄傲自满，淫乱肮脏，贪得无厌，假装服从上天之法，让别人以为他们正直高尚，其实凶恶堕落。这些人就像鳄鱼一样……鳄鱼只动上颚，伪君子也一样，与人谈论时只说最高尚的例子，比如圣人、早期教父、训诫和最美好的品德，以显得光荣，但其真正的为人实在低下，极少做到所说的这些。[37]

里夏尔·德·富尼瓦尔又联系到爱情上，将被爱女子比作鳄鱼，杀了深爱她的人，又凶恶地将其吞食，不流一滴泪：

> 鳄鱼是一种水蛇，大部分人称之为“鸡蛇”。其本性是：遇人吃人，吃完又整日哭泣。我珍爱之人啊，我也想让你为我整日哭泣……你把我吞下，用爱将我杀死。如果可能，我希望你会懊悔，用心的眼睛为我哭泣。[38]

▸ 鳄 鱼（约1220—1230年）

鳄鱼是一种生活在尼罗河里的怪物，其外形兼有龙、蛇及各种四足兽的特点。下颚不会动，所以它更多是吞而不是咬。头先被鳄鱼咬住就毫无生还的可能，脚先被咬住还有一丝希望。

拉丁文动物图鉴，剑桥，菲茨威廉博物馆暨图书馆，手抄本254，24页正面。

鳄鱼不仅丑陋、残暴、贪婪、伪善，还十分懒惰，可以在阳光下睡好几天，什么也不干，甚至猎物靠近都不捉。小鸟（有的书里说是鸻鸟，有的说是戴菊莺）大胆闯进其嘴里吃虫子、水蛭，它也不合上嘴把它们咬碎。有时打着哈欠就忘了把嘴合上，张着嘴就睡着了。不过，它放过这些小鸟也可能是因为小鸟为它服务，不仅帮它去除侵蚀牙齿的寄生虫，也在喉咙里美妙地歌唱。

鳄鱼懒惰，所以有时看起来完全不傲慢，任人骑而毫无反应。有些孩子骑鳄鱼就像骑大蜥蜴一样。雌鳄鱼比雄性更淫荡懒惰，下完蛋就置之不理，全靠阳光让蛋孵化。鳄鱼幼崽出生时很小，但会一直不停地长，成年后暂停60天又继续长。它是唯一一种一生都在长的动物，这也是它与魔鬼订立契约的证据。

鳄鱼在陆地上交配，而不是在水中，在众目睽睽之下，这说明它毫无羞

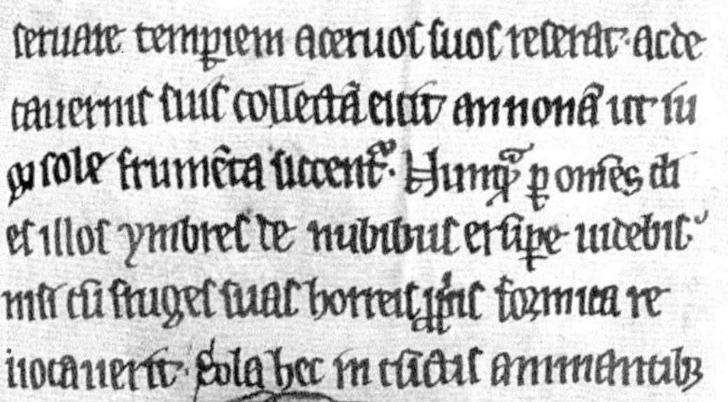

seruare tempore acervos suos resserat. acce
tauerint suis collecta eius annona ut su
pi sole frumenta succensa. Nunquam ponses di
es illos ymbres de nubibus erupere uidebi
mus cum fruges suas horreis ipsis formica re
uocauerit. Sola hec in cunctis animantibus

ingenuitate sui de plaustro gestare ualet.

Formicaleon uel mirmicoleon dicitur
bestiola quedam que se in puluere abscon
dit et formicas frumenta gestantes inter
ficit.

Amphibia quedam animancium genera
dicta sunt eo quod ambulandi in terris
usum et natandi in aquis officium habeant.
Amphi enim grece utrique dicitur id est quia et in
aquis et in terris uiuunt ut cocodrillus et
luter.

Cocodrillus a croceo colore dictus gig
nitur in nilo flumine. animal qua
drupes in terra et aquis ualens. longitudine
plerumque uiginti cubitorum. Dentium et
unguium immanitate armatus. tanta
que est cutis eius duricia ut forcium ictus

lapidum respuat. Nocte in aquis. die in
humo quiescat. Oua in terra fouet. masculus

耻之心。所有人都能看到雄鳄鱼将雌鳄鱼翻过来，肚皮朝天，然后趴上去面对面、肚子贴肚子，就像人和熊一样。鳄鱼肚子上不长鳞片，所以贴着肚子也不会伤到。其肚皮又光又薄，很容易刺破。鳄鱼自己也知道，所以它很怕一种背上长锯形鳍的海豚，它和七头蛇一样都能克鳄鱼。

河马和鳄鱼一样生活在尼罗河里。有些作者认为它是长着四只牛蹄的大鱼，有些认为是“马的一种”，有马鬃，会嘶鸣，还有些认为是“比象还大的河猪”，长着野猪一样的火红獠牙。不过所有人都承认这种动物又大又重，十分可怕。它走路缓慢，只会退行以便更好地看清敌人。嘴巴巨大，牙齿尖利，胃口永远无法满足，以至于水里能找到的不够，它还要上岸糟蹋庄稼，掠夺收成，吞食村民。它经常吃撑，这时就去踩刚割的芦苇给自己放血，然后在血里打滚，这会吓坏所有误闯者。

河马虽然体型巨大，却很爱交配，甚至会和生母交配，还把父亲赶到远处眼睁睁看着。如果父亲抗拒，河马就将其杀死，取而代之。没有动物如此大逆不道。另外，《圣经》称河马为“*Béhémoth*”，这是魔鬼的名字之一。它诡计多端，在水里时藏在莲叶之下，在岸上时躲在麦田之中，无处不在地窥伺着我们。这就是魔鬼啊！

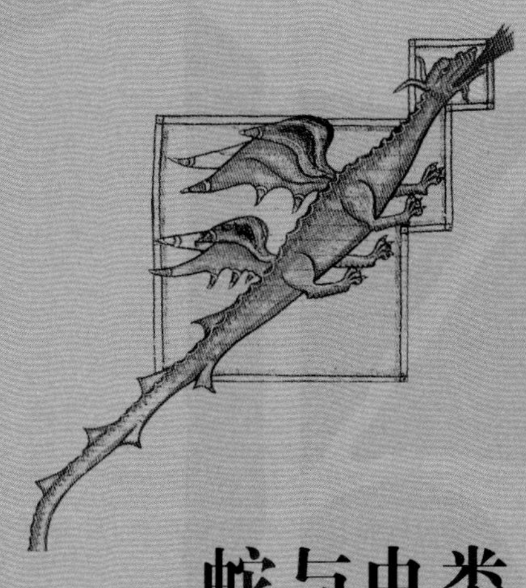

蛇与虫类

蛇

龙

半蛇半虫

虫

蚂　蚁

蜜　蜂

acceperit.

Iaculus: serpens uolans. De
Exiliunt enim in arboribus. et
tant se sup eum et perimunt.

quo lucanus. Jaculiq; uolant
dū aliqd' aīal obuiū fuit iac
ude et iaculi dicti sunt.

In arabia autem serpentes albi sunt cum alis. Que sirene uocantur. Que plus currunt ab equis. Sed etiam uolare dicuntur. Quorum uirus tantum est. ut morsum ante mors insequatur quam dolor.

Seps exiguus serpens. qui non solum corpus. sed et ossa ueneno consumit. Cuius poeta sic meminit. Ossaque dissoluens cum corpore tabificus seps. Dipsa serpens tante exiguitatis fertur. ut cum calcatur non uideatur. Cuius uenenum ante extinguit quam sentiatur. ut facies preuenta morte nec tristiciam inducat morituro. De quo poeta. Signiferum iuuenem tirreni sanguinis aulum Torta caput retro dipsa calcata momordit. Vix dolor aut sensus dentis fuit.

Lacertus reptile genus est uocatus. ita quod brachia habeat. Genera lacertorum plura. ut botrax. Salamandra. Saura. Stellio. Botrax dicta quod rane habeat faciem. nam greci ranam. botracam uocant.

·蛇与虫类·

△ **蛇**（约1270—1275年）

拉丁文动物图鉴，杜埃，市立图书馆，手抄本711，42页反面。

◄ **蛇与蜥蜴**（约1270—1275年）

在中世纪的图画中，蛇与龙的界限十分模糊。大体而言，龙有爪子而蛇没有。但蜥蜴也是蛇的“近亲”，它有爪子，这样全都可能混为一谈。

拉丁文动物图鉴，杜埃，市立图书馆，手抄本711，43页正面。

在中世纪，哪些动物属于蛇并不一定，不同的动物图鉴和手抄本有很大的差异。除了眼镜蛇、蝰蛇、水蛇等真正的蛇，蜥蜴和龙也被归为蛇，甚至蜗牛、蟾蜍、变色龙、蝾螈等中世纪不知如何归类的动物也被纳入其中。

虫的世界更加混乱，不仅有蠕虫、昆虫（这个概念到16世纪才逐渐清晰），还有田鼠、鼩鼱等小型啮齿动物，甚至完全出人意料的动物，比如猞猁，多位作者认为它是“一种白色的大虫”。

百科全书通常专用一章讲怪物，而动物图鉴将其分别归入鸟兽鱼虫之中。百科全书中的“怪物篇”（*Liber monstrorum*）很早就自成一体，独立撰抄，更多的是讲述印度或东方的“奇观”而不是动物学。其中的怪物有很多种，有龙、狮鹫、巴西利斯克之类杂合的怪物，也有美人鱼、半人马等半人半兽的怪物。还有些类似人，生活在大地尽头的遥远国度。有些只在额上生一眼，有些手生六指、足生七趾，有些无头而脸生于胸，有些耳朵巨大，能以之蔽体却依然耳聋，有些浑身覆毛，四足行走，仅以野生无花果为食，还有一种“独脚人”，生活在埃塞俄比亚的炽热阳光下，虽只生一足，却大到可以遮阳。

▲ **捕眼镜蛇**（约 1300 年）

眼镜蛇是一种重要的蛇，脑中生有一颗红亮的宝石。人用音乐迷倒眼镜蛇来捉它。这种动物如魔鬼一般，奇怪的是它又很爱音乐。

里夏尔·德·富尼瓦尔，《爱的动物图鉴》，巴黎，法国国家图书馆，法文手抄本 1951，9 页正面。

蛇

眼镜蛇既不是蛇中之王（巴西利斯克才是），也不是最大、最危险的蛇（龙才是），但动物图鉴写蛇的篇章总以它开始，我们也且效仿之。这种蛇和其他蛇一样可怕，但其毒液只是让人沉睡，而不会把人杀死，被咬之人会进入永眠。传说“埃及艳后”克娄巴特拉就抱着这种蛇永远地睡去了。这种死法相对温和，中世纪文化并不认为这是自杀。自杀是可怕的罪过，会让人直接下地狱。

在非洲，人们还用这种蛇来辨别私生子。当地人很信它，每个新生儿都要拿到它面前，如果是正当婚姻所生，蛇就会向其致敬，如果是通奸所生，蛇就会将其杀死。[1] 在印度，人们却要捕这种蛇，因其头中有一颗价值连城的宝石，又红又亮。许多贪婪之人想得到宝石，知道蛇容易被音乐和歌声吸引，尤其是笛子和竖琴的声音，就奏乐唱歌把蛇迷倒。但蛇也有反制的办法，一耳贴地，另一耳用尾端堵住，这样就什么都听不到了。其象征意义不难猜到：堵住耳朵的蛇代表不愿听上帝之言的人，想夺取宝石的人代表对财富贪得无厌的人。[2]

蝰蛇比眼镜蛇更有心机也更残忍，会藏起来攻人不备，与鹰、鹿、猪等许多动物为敌。猪在森林中拱地觅食时经常无意间挖到在洞里冬眠的蝰蛇，可以杀而食之，不必担心中毒，因为蝰蛇在冬眠前已把毒排出。但如果蝰蛇醒着就糟了，尤其是雌蛇。交配对雄蝰蛇来说很悲剧，因为它要把头伸进雌蛇口中才能使之受孕，但一射完精，

▼ **眼镜蛇堵住耳朵**（约1240年）

人唱歌奏乐来迷惑眼镜蛇，它为了抵抗就会堵住耳朵：一耳贴地，另一耳用尾端堵住。

拉丁文动物图鉴，牛津，博德利图书馆，博德利手抄本764，96页正面。

雌蛇就会把它的头咬下来，所以雄蝰蛇更愿意与雌海鳝交配。蝰蛇交配不仅会要了雄蝰蛇的命，生出来的小蛇也无情无义，一从母亲肚子里出来就将母亲杀死。这种蛇是世界上最卑鄙狡诈的生物。

草蛇则没有那么危险，因为它并不总带毒。为了吃食，它必须把毒排出，因此吸牛乳也不会让牛中毒，只是蛇牙会造成很痛的伤口。草蛇非常喜欢喝奶，找不到牛就会去吸羊奶，如果连羊也没有就去喝母狗的奶。巫师用其毒、胆、皮、牙做成许多药剂，能趋避猛兽、恶龙、鳄鱼。

双头蛇是蛇中将领，群蛇一起行动时总走在最前面发号施令。除了正常的头，它在尾巴末端还有一个头，两个都可以咬人。四只眼睛非常小，通红而能喷火。双头蛇体热，喜欢寒凉，天寒地冻也不怕。与其他蛇不同，它总是两头并列绕成一个圈行进，否则就不知道该往哪个方向走了。

角蝰长着两只和公绵羊一样的角，但并不用来打斗，而用来挖陷阱。它躲在沙中，只露出两只“弯弯的角”。小鸟以为是两条蚯蚓，走近来吃，角蝰就弹起来用尾巴将其缠住，然后吃掉。箭蜥是角蝰的“近亲”，没有角，但一样狡猾，会藏在树上伺机捕猎，一有猎物靠近就像箭一样射出去将其刺穿。猎物痛不欲生，死相凄惨，因为箭蜥浑身是毒。

“致渴蛇”更可怕，拉丁文称为“*dipsas*”，小到几乎看不见，不管人畜，无论大小，踩到就会被咬，被咬就会慢慢渴死。还有一种叫作“*prester*”的蛇也很危险，会立在半路攻击朝圣者，被咬之人会不断膨胀最后炸开。“*scytale*”这种蛇则五彩斑斓，十分美丽，令人移不开目光，但盯着它看会让人动弹不得，它就趁机把人咬死。

这么多种蛇，一种比一种厉害，但毒液有特定属性，危险也可以化解：

> 蛇皆性寒，不受热便不会咬人，因此白天比晚上危险。夜间，蛇因寒露慢慢凉下来，寒气深入肌体，蛇便不再危险。同样，冬天时蛇都盘在窝中，待天气回暖才会出来……毒液皆寒，蛇还未咬，人已畏惧，因灵魂性热属火，要避毒液之寒。之所以称毒为“*venin*”，就是因为要进入血管（veines）才起效，不进入便无妨。进入时变热，令人内里灼烧，不久便亡。[3]

蛇虽十分邪恶，但也非常聪明，知道什么对自己好。所以《阿什莫尔动

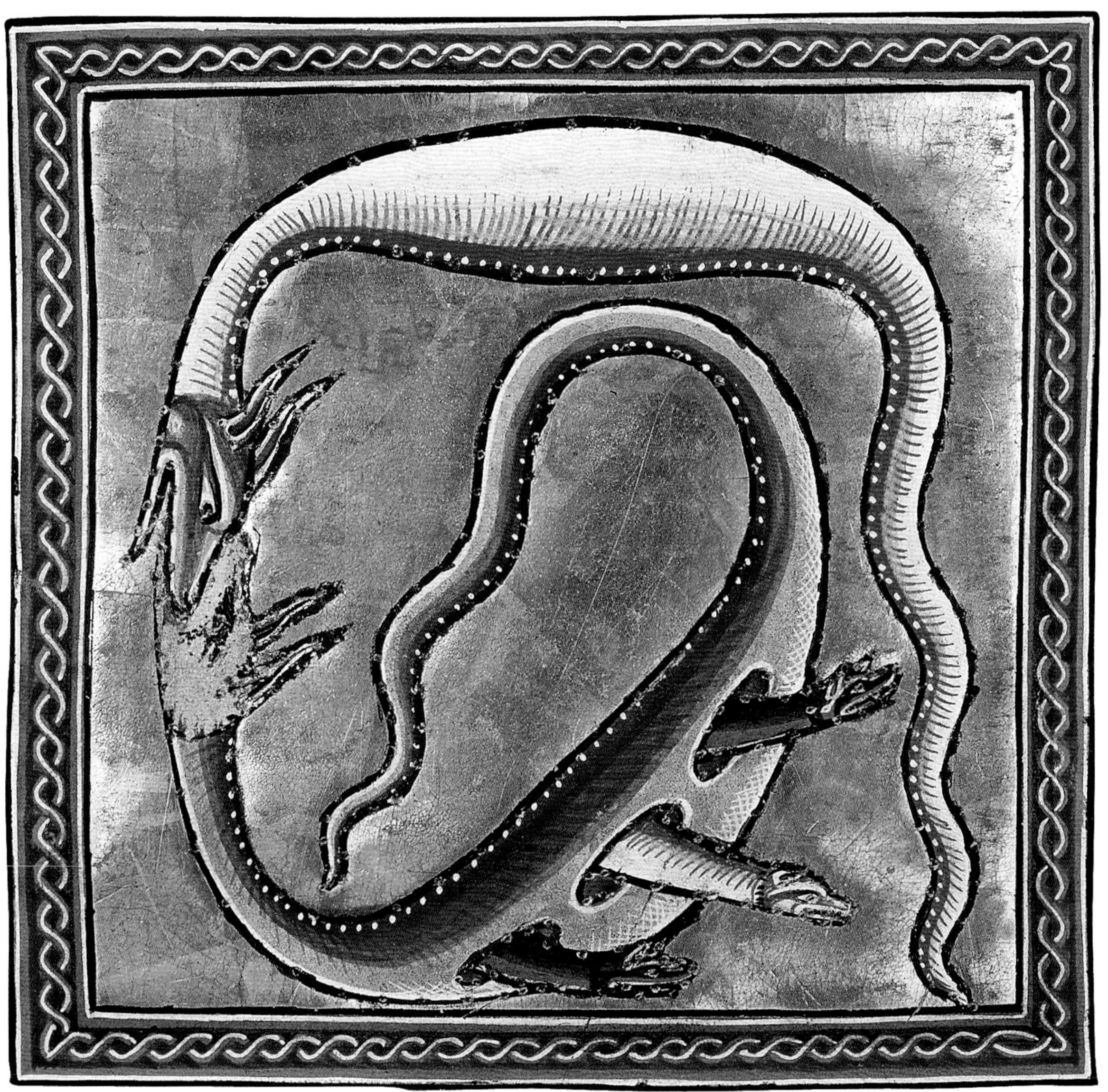

▲ **蝰 蛇**（约 1195—1200 年）

蝰蛇是最残忍无情的生物，尤其是雌蝰蛇。交配后，雌蝰蛇就会把雄蝰蛇的头咬下来，雄蝰蛇因此丧命。生出的小蛇也同样无情无义，一从母亲肚子里出来就会把母亲杀死。

拉丁文动物图鉴，阿伯丁，阿伯丁大学图书馆，手抄本 24，66 页反面。

物图鉴》一方面毫无保留地论述了蛇的各种恶习和对人类的威胁，一方面也将其种种行为作为模范：

> 蛇老去而双目暗淡时长久不食，等皮变得太宽就去乱石中找一隐蔽之处蜕下老皮。我们也一样，为了基督之爱，应将体内的旧人放下，应寻找精神之石……同样，蛇来河边喝水时不会带毒，我们来教堂饮上帝的活水、聆听圣言时也要把我们的毒，也就是我们的恶欲放下。[4]

龙

龙在动物图鉴中的形态最多变。要记住，在中世纪文化中，龙真实存在。它是最大的蛇，但有爪子，至少两只，有时四只，类似蜥蜴，但龙还有翅膀，生于脖颈下的巨大双翼像“鸟鼠”（即蝙蝠）之翼。不过也有无翼之龙，外形类似蛇，身上有黏液，不能飞但善于游水。所有的龙都有鳞片，比蛇和鱼的鳞片更坚硬。龙尾细而长，龙背上有一排凸起，龙爪像狮爪但又有鹰的趾甲。龙头很长，耳朵尖翘，有时还长着一撮儿可笑的胡子。龙的眼睛又小又红，目光坚定，能让人麻痹。龙口不大，但牙齿锋利，舌分三叉。龙能撕咬、吞噬、呕吐、流涎，是食人的怪物。有些龙不止一个头，有的像双头蛇那样首尾各一头，有的像“女战士之国的龙”那样中间一大头两边两小头，更有像七头蛇一样的长着七个头。七头蛇是一种可怕的水怪，也是鳄鱼的死敌。在插图手抄本中，龙的形态变化甚多。在罗曼风格时期，所画的龙可变成任何形态的花体字；哥特风格时期，所画的龙身可拉伸分离，一直延伸到书页的白边。

龙生于埃塞俄比亚、印度、“蛮荒之地”，从那里又扩散到全世界。它动作迅速，能走、能跑、能飞、能游、能潜、能爬，纵横海陆空。它住在地洞里守卫宝藏，也会出洞吓唬周围的居民，比任何动物跑得都快，所过之处一片狼藉。它还能栖于水中，因嬉戏、生气、打斗让洪水泛滥。在天上，它挑战天使，与猛禽争斗，发动狂风骤雨，所到之处连空气也像烈焰一样闪动。它到哪里都会发出可怕的轰鸣，如同低沉的怒吼，声震四方。它的口和眼喷出火焰，鼻孔冒出臭气熏天的烟。它的鳞片也有一股令人作呕的鱼腥味，不

► **龙**（约1255—1265年）

中世纪认为龙是最大的蛇，但有爪子，有时还有翅膀，因此能翱翔天空，与天使争斗。其身体黏滑，覆满鳞片，背上有一排鳞片尖利地凸起，口和耳能喷火，口气恶臭熏天。但最可怕的还是它的尾巴，能将人缠住并让人窒息。龙既能上天又能入地，还能在水中遨游。打败龙是丰功伟绩，只有圣米迦勒、圣乔治、圣玛加利大等最伟大的圣人和亚瑟王、西格弗里德等极少数英雄才能做到。

拉丁文动物图鉴，伦敦，大英图书馆，哈雷手抄本3244，59页正面。

过没有毒。它的力气聚于尾巴，能够一击致命，任何东西被缠住都会窒息而亡，化为灰烬。一旦被困住就无法逃脱，就连能克龙的大象也难逃此劫：

> 龙克象。龙藏在道口，像魔鬼一样耐心等待，伺机而动，看到象倚树而眠就用尾巴把树劈断。象太重，倒地不起，龙从其两股之间撕咬，因为那里的皮最薄。龙挖出象眼，吮吸象血，用尾巴将其翻来倒去。象虽虚弱而渐渐死去，但也用全身重量砸在龙身上，将其砸得粉碎。龙也被象杀了。
>
> 龙象之争代表善恶之争，看起来好像恶占了上风，但最后其实是善胜利。象代表正直之人的灵魂，会上天堂，龙代表邪恶之人的灵魂，要下地狱。[5]

不过，多位作者都说龙永远不会死，只会睡去，千万不要把它弄醒。所有和末世论有关的生物都能久睡不醒，龙也一样。

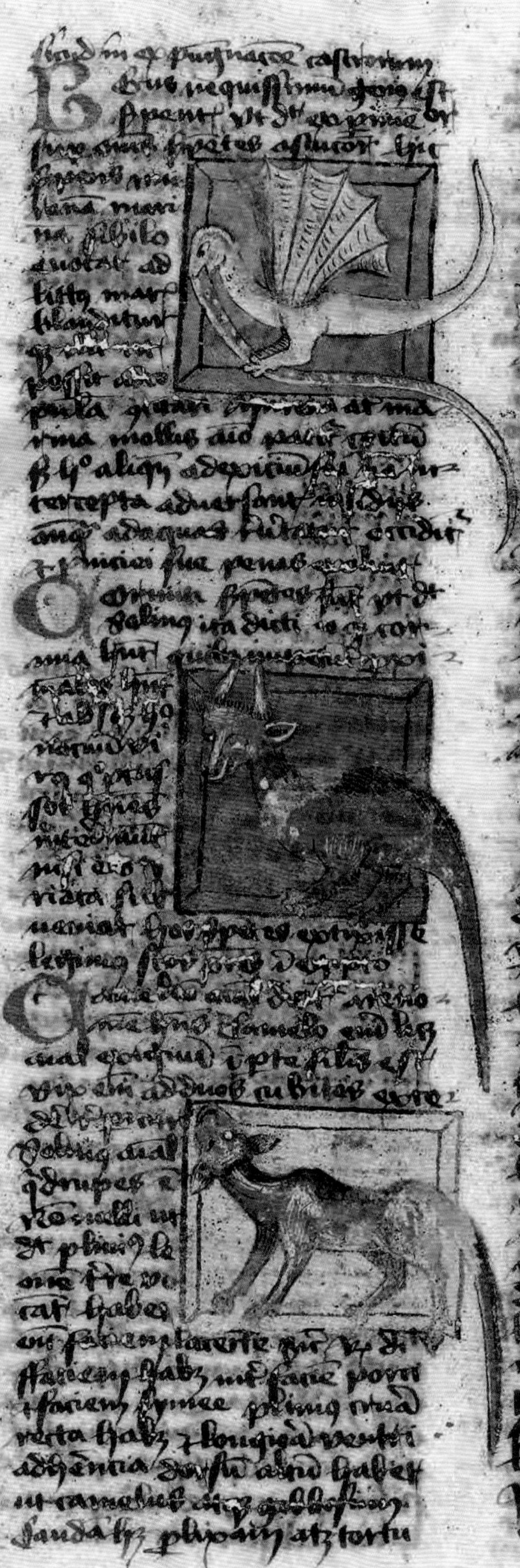

△ **龙**（约1470年）

百科全书中写龙的章节总是很长，因为这种动物形态多样，有两爪、四爪，有翼、无翼，单头、多头，有角、无角。不过什么样的龙都很可怕。

《拉丁文百科文集》（*Recueil de textes encyclopédiques latins*），罗马，梵蒂冈图书馆，Codex Palatinus latinus 1066，129页反面—130页正面。

关于龙的颜色，动物图鉴众说纷纭，有的说是黄色，有的说是绿色，更多的说是黄绿色，但很多都说龙能像变色龙一样随意改变颜色，或是像能克龙的豹一样五彩缤纷。杂色的龙有斑点，但更像凸起的小疱，而不是星星。龙体内充满血和火，通红一片。血能做颜料，称为“龙血红”（sandragon），用来画魔鬼的脸和身体以及地狱之火。[6]不过，没有作者说龙为黑色，也没有人说是任何灰暗的颜色。龙闪亮发光，火焰冲天，所以才令人惊诧。龙只害怕一样东西：闪电，它经常被闪电击中。

按动物图鉴和百科全书对龙的评述，它似乎是一种全面的生物，具足水、土、气、火四元素及视、听、触、嗅、味五感，形可怖，声震耳，触感黏稠，气味令人作呕，食人无数。口气臭不可闻，耳和口中喷出的火焰能烧毁一切，和蝎子一样尾端带毒，能致人死。但它的精液、唾液被认为有助生育，血也能硬化成一层甲胄，沐浴过龙血便有不死之身。《尼伯龙根之歌》（*Nibelungen*）①中的英雄西格弗里德（Siegfried）就因此而刀枪不入，但不幸的是沐浴龙血时一片椴树叶落在他背上，留下了唯一的死穴。[7]

中世纪的龙形态各异，能力多样，是将圣经、东方、古希腊、古罗马、日耳曼的诸多传说融于一身而成，更多是属于超自然的世界，而不是世上的奇观。由此而言，这是一种十分真实的动物，非常可怕但毫不怪异，动物图鉴的作者积累了很多关于它的知识。[8]从某些方面来看，龙是日常生活的一部分。在教堂里随处可见，和狮子一样，甚至比狮子还多，绘画雕塑、编织刺绣中都可见它的身影，也常被讲述论说。另外，人们龙不离口，但也害怕遇见龙，尤甚于狼，因为龙即魔鬼。

所以，任何人战胜龙都是善战胜恶。欧洲中世纪文化中没有“好龙”，而亚洲传统中则有许多“好龙”。打败龙是一项壮举，只有圣米迦勒、圣乔治、圣玛加利大等最伟大的圣人和亚瑟王、特里斯坦、西格弗里德等最具威名的英雄才能做到。在水陆空与龙打斗产生了许多故事，常见于圣徒传记和文学作品中，同时也产生了丰富的图画。

① 《尼伯龙根之歌》是创作于13世纪的德国英雄史诗。下文提到的西格弗里德是其中的主要角色。

▲ **神 树**（peridixion，约 1255—1265 年）

印度有一种神树，树上住满白鸽，不仅果实为白鸽喜爱，树荫更能保护白鸽不受最可怕的敌人——龙的伤害。龙一碰到树荫就会死去，只能待在树的另一边，在明亮阳光之中。白鸽能把它看得一清二楚。

拉丁文动物图鉴，伦敦，大英图书馆，哈雷手抄本 3244，58 页反面。

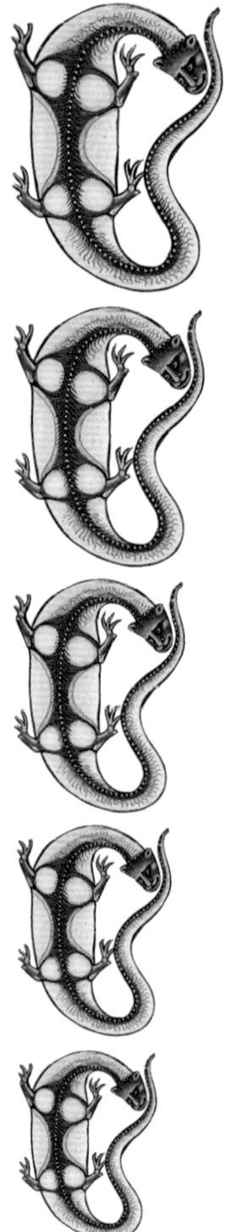

半蛇半虫

某些动物在我们看来并非蛇类，甚至都不是爬行类，动物图鉴也会将其归为蛇。中世纪动物学就是如此，分类宽泛而不固定，不同时期、不同作者有不同的分法。比如，**蜥蜴**可以自成一类，也可归为蛇的“近亲”，或与完全不同的动物放在一起。蜥蜴像蛇一样定期蜕皮，医生收集蜕下的皮用于制药。但与蛇不同的是，蜥蜴不聪明，几乎没有记忆，通过嘴巴产卵后又找不到产在哪里。年老会失明，但只要面朝东方日出之处就能恢复。

有些蜥蜴有神奇的特性，医生、法师、巫师对此尤其感兴趣。

“**星蜥**”是一种五彩的小蜥蜴，身上的色斑像星星一样闪亮。每年蜕皮之后先是全白，然后变成红白相间，之后又出现绿色，最后什么颜色都有。它住在城墙里，和蛇一样诡诈有毒。可将其浸入葡萄酒中杀死。谁要喝了泡过星蜥的酒就会毁容。被妻子背叛的丈夫就会让妻子喝一杯“星蜥酒”，这样她就会从美女永远变成丑八怪。

蝾螈是一种“大蜥蜴”，不咬人，但头和身都有可怕的毒液，碰到什么，什么就会有毒。掉到井里，井水就会变得有毒；爬到树上，果实也会变得有毒。巫婆经常采摘因蝾螈而染毒的苹果，给“她们嫉妒的美女”。只有动物图鉴提到苹果因蝾螈而有毒。中世纪文学中有好几个毒苹果的故事，都未说是因蝾螈而有毒。例如，在《兰斯洛特传》（*Lancelot en prose*）中，王后桂妮薇儿（Guenièvre）被指控企图用毒苹果害死亚瑟王的外甥、王位继承人高文（Gauvain），年轻的圆桌骑士加赫雷斯·勒博朗（Gaheris le Blanc）误食此果而亡，其兄弟马多尔·德拉波特（Mador de la Porte）发誓要报仇，说王后“用手段”在苹果中下毒。[9]

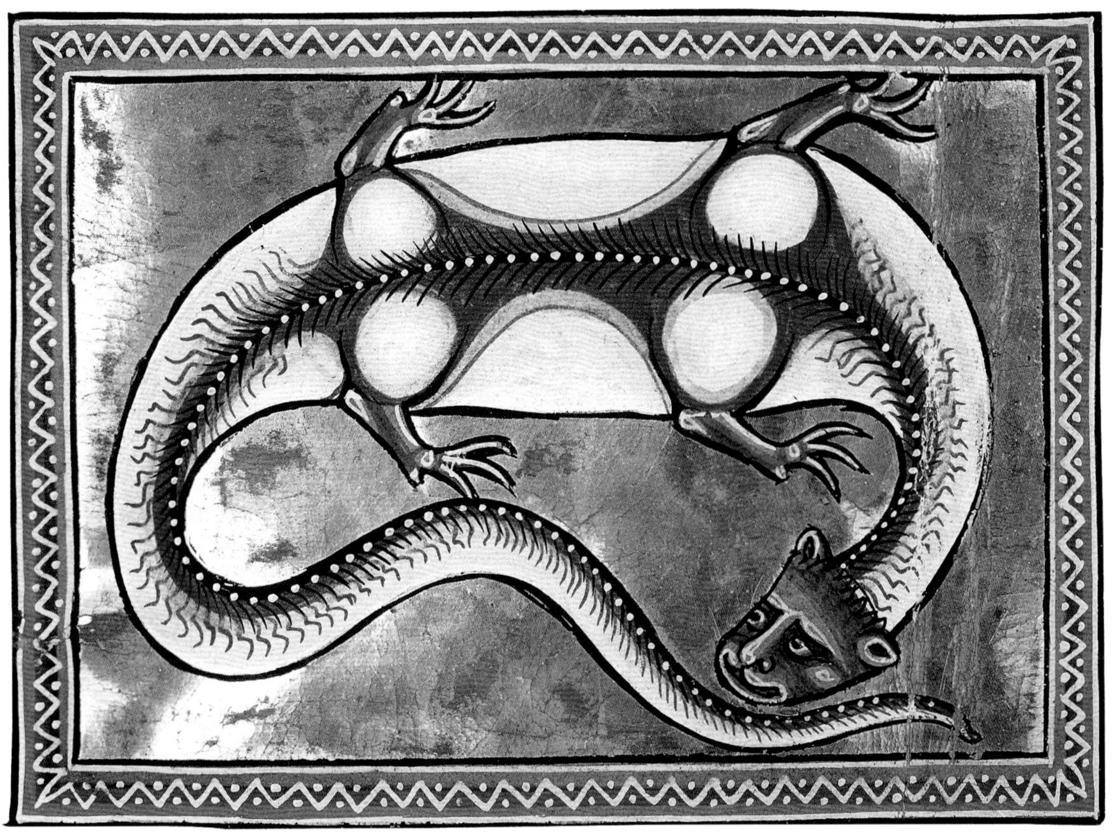

▲ **蜥蜴**（约 1195—1200 年）

蜥蜴有许多种，没有蛇那么奸诈危险，但也年年蜕皮，除了爪子和头部。蜕下的皮十分珍稀，可制各种药物。

拉丁文动物图鉴，阿伯丁，阿伯丁大学图书馆，手抄本 24，69 页反面。

◀ **蝾螈**（约1195—1200年）

蝾螈是一种“大蜥蜴”，碰到什么就能让什么带毒，不管是井里的水、树上的果实，还是牛羊的奶。其性如此寒凉，以至要在火中取暖。几条蝾螈就可以扑灭火灾。用蝾螈皮制成的物品不会燃烧。

拉丁文动物图鉴，阿伯丁，阿伯丁大学图书馆，手抄本24，70页正面。

蝾螈体质大寒，尤甚于蛇，以至要以火为食来取暖。穿火而过也毫发无伤，火反而会灭掉。几条蝾螈就能扑灭一场火灾。用蝾螈蜕皮制成的皮带、鞋履等不会烧着。按动物图鉴的说法，这种神奇的特性叫我们也要“灭掉我们身上的淫欲之火”。“教士”纪尧姆在《神圣动物图鉴》中忘了蝾螈碰到什么都会让其有毒，只在蝾螈身上看到它们“是过着神圣生活的圣贤，信仰如此强烈，能熄灭周边的邪欲之焰、恶习之火”。[10]

关于**变色龙**，百科全书和动物图鉴众说纷纭。有些说它是一种奇异的四足兽，由公骆驼和母狮交配而生；有些说它是小型杂合动物，有蜥蜴的身体、猪或猴的头、猛禽的爪，背上还有类似于鱼鳍的东西。变色龙有很长的舌头，会像蛇一样吐舌头，能远远抓住想要的东西，但这对它没什么用，因为它不吃也不喝，只以空气为食，因此也没有血。还有四种动物也仅以四元素之一为食：吃土的鼹鼠和蟾蜍，喝海水的鲱鱼，吞火的蝾螈，但以空气为食的只有变色龙。

变色龙知道自己和谁都不像，所以什么都怕，经常改变颜色以隐入四周。布吕内·拉坦采用老普林尼的说法，说变色龙可以变成想要的颜色，除了红与白。几十年后，约翰·曼德维尔也说变色龙可任意变色，但变不出红与蓝。[11]变色龙克乌鸦，因为变黑时比乌鸦更美、更亮，由此乌鸦心生嫉妒，非要变色龙改变颜色。动物图鉴的作者说变色有两种方法，一是体内分泌一种液体，让身、头、眼迅速着色，二是看着最近的东西取得其色。要看到变色龙非常困难，要抓住就更难了，因为它的隐蔽技能十分了得。

动物图鉴对这种动物的象征意义也莫衷一是。有些说，它放弃一切食物，只以空气为食，代表放弃世间一切财物，因为上帝之言业已足够；还有些说，它能变色，就像虚伪之人不停改变观点两边倒。这种人“多变”，这在中世纪的认知中是非常不好的词。

蟾蜍有时也被归入蛇类，它能分泌一种极为寒凉的毒液，手碰到会失去知觉，好像被冻住了一样。它总是避着光，喜欢暗处，藏在地下，与巫师为伴。巫师用其皮、骨、毒制成药剂，“令两人相憎或相爱”。医生也用蟾蜍

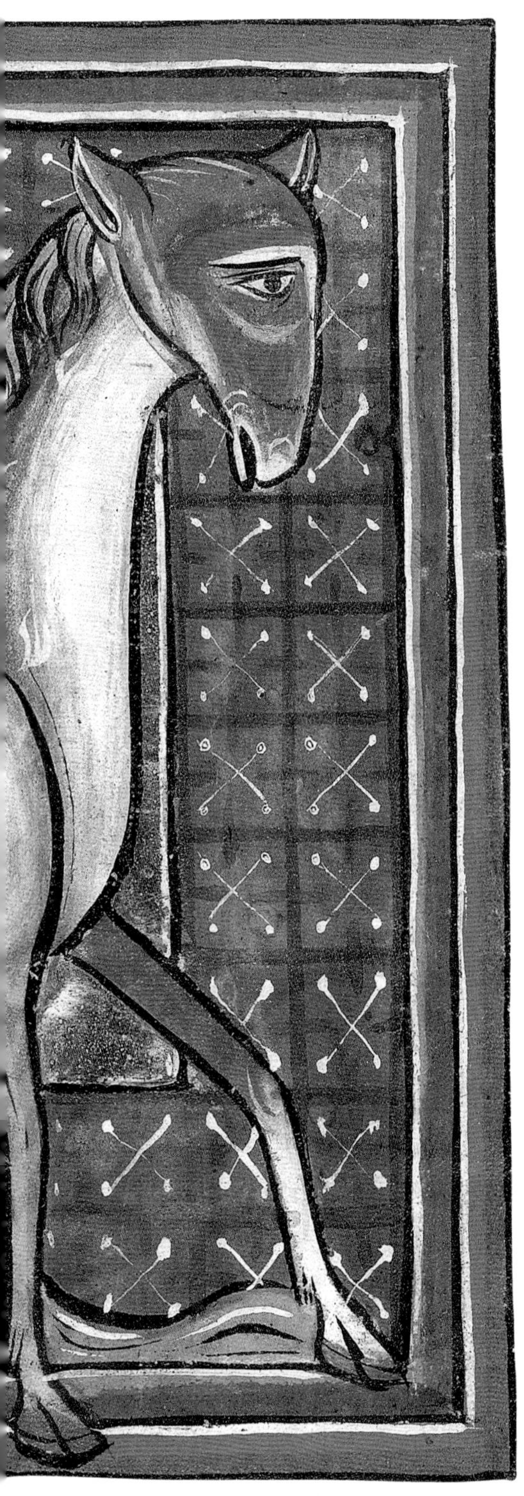

的分泌物来退烧，其性如此寒凉，最厉害的烧也能退掉。蟾蜍虽是青蛙的“近亲”，却不像青蛙那么喜欢呱呱叫。本笃会修道士皮埃尔·贝尔索尔（Pierre Bersuire，约1295—1362年）涉猎广泛，为布道者提供了多方面的材料。他说蟾蜍不会叫，除非在法国境内，生活在边境的蟾蜍一旦出了法国也会变成哑巴，“就像不会说外语的法国人，远离故土就变得谦逊寡言”。[12]

蝎子时而被归为蜥蜴，时而被归为虫。它的毒在尾巴上，早晨空腹之时尤其危险，进食之后毒性就没那么强了。一定要被蜇的话还是晚上被蜇吧。所以在蝎子很多的国家，当地人都只在太阳西斜之后才出门。另外，蝎子越大越不危险。对童贞少女则不一样，所有蝎子对她们而言都很危险。

◀ **变色龙**（约1240年）

动物图鉴中的变色龙各式各样，有时是长着长舌的小蜥蜴，有时是比马野性的华丽四足兽，但所有作者都说它有一种奇妙的特性，能随意改变颜色，轻易隐匿起来。因此，要看见它几乎不可能，更何况这还是种非常胆小的动物。

拉丁文动物图鉴，牛津，博德利图书馆，博德利手抄本764，27页正面。

蝎子会杀子弑母。雌蝎一次产子 11 个，不多不少永远是这个数，从来不会是神圣的 12 个。生下之后雌蝎会吃掉 10 个，只留 1 个，而这只蝎子长大之后又会把母亲吃掉为兄弟报仇。上帝要事情如此就是为了不让这种有害之物过多。《剑桥动物图鉴》说："感谢它吧！"

蜗牛和蝎子一样，在中世纪的动物学中无法分类，时而归入贝，时而归入蛇，时而归入虫。它和虫一样诞生于泥土中，却有壳为家，又像蛇一样爬行。这是种吃蔬菜的害虫，不停流出黏液，走到哪里都会留下印记，幸亏它走得很慢。其眼睛长在两个触角上，触角在嘴巴上方。蜗牛害怕时会收起触角，缩回壳里装死，胆小又狡猾。

虫

水、土、气、肉腐坏便会生"虫"，有些虫会飞，有些会游，还有些会爬、会走、会跳，但都很小，也幸亏很小，因为虫基本上都有害。不过，按照某些作者的说法，**猞猁**是个例外。这是一种白色巨虫，目光锐利，甚至能看透墙壁山岳，没有动物比它视力更好。它生气时眼睛还会喷火。其奇特之处不止于此。它的尿和空气接触会变成一种宝石，称为"天猫尿"（lyncurium），非常稀有，猞猁会藏起来。它不仅"不爱分享"，还很健忘，吃着嘴里的，看见有猎物经过又会去追。不知足的人也一样，总想占有别人的财物。

不是所有的作者都把猞猁当作虫，有些将其作为四足兽，认为它是一种巨大的狼，奔跑起来异常迅速，而且视力非凡。在中世纪的五感体系中，猞猁代表视觉，鼹鼠代表听觉，秃鹫代表嗅觉，猴子代表味觉，蜘蛛代表触觉。

水蛭是一种水里的虫子，会吸附在别的动物身上吸血。医学上也用来放血，但要先用荨麻和盐涂抹。印度有一种会飞的水蛭，栖息在沼泽边，有人走近时就落在他身上，吸干他的血。**瘿蜂**则怕血，自己也没有血。它以树叶为食，尤其喜欢栎树叶，但有时也会搞错，跑到冬青树上去，被扎了就会死。

树上有许多其他以叶、花、茎、果为食的虫，比如喜食桴树叶的**斑蝥**。其性如此之热，手碰到就会长满红色水疱。另一种叫"**styrx**"的虫子则性寒，

▲ **鼹鼠**（约1195—1200年）

鼹鼠住在地下，被认为是瞎的。在中世纪的五感系统中，它代表听觉，猞猁代表视觉，秃鹫代表嗅觉，猴子代表味觉，蜘蛛代表触觉。

拉丁文动物图鉴，阿伯丁，阿伯丁大学图书馆，手抄本24，24页正面。

常栖于榆树和椴树之上，造成很多损害。修剪树木不合时宜，就会遭到“teredo”这种虫的攻击。月圆之时不能砍树，否则这种虫就会侵入，令树木腐朽，就算木质非常坚硬也不能幸免。树上爬的**毛毛虫**也一样有害，它以茎、叶、果为食，晚上像星星一样闪亮，生命走到尽头时就会变成“**飞蛾**”，是“非常奇妙之事”，而且飞蛾留在枝叶上的排泄物还能生出新的毛毛虫。飞蛾喜光，会扑向灯烛的火焰，因此活得都很短。

蝗虫由南风而生，遇北风则亡。体形虽小，嘴巴却大而方，永远饥饿而同类相食。头像马或骡，腿像青蛙，跳得很高，有些甚至能越过高高的树梢。其繁殖力出众，一生产子比任何其他动物都多。成群飞舞时又多又密，如黑云压阵。这是

► **虫**（约1250—1260年）

在中世纪的认知中，虫的世界非常混杂，不仅有蠕虫，还有大部分昆虫，以及两栖类、腹足类、某些软体类和甲壳类，有时还有小型啮齿类。

拉丁文动物图鉴，巴黎，法国国家图书馆，拉丁文手抄本11207，35页正面。

种可怕的害虫，《出埃及记》中就有记载：上帝给埃及降下蝗灾，助其子民逃离，走向应许之地。蝗虫吞噬一切庄稼、谷物、果实，实在该诅咒。①

苍蝇也好不到哪里去，它总往尸体腐肉上飞，造成许多瘟疫。它喜欢牛奶、奶酪、蜂蜜，但更喜欢死动物的肉。苍蝇能活很久，喜欢在驴马身边打转，等其一死就簇拥而上食其尸体。但有一种苍蝇不吃腐肉，仅以植物之露为食，这就是蝉。它喜热，叫声响亮，天越热叫得越欢，有时甚至忘记进食，鸣叫到死。这代表它追求享乐，就像那些只做喜欢之事、无视永生之道的人。

蜘蛛不会飞，是一种多足爬虫，能翻越墙壁，不停吐丝织网。蛛网“如此精巧，无人能见丝与丝如何相连”。[13] 蜘蛛以网捕蝇活吃，捉到更大的动物就先扎一下毒死再吃。蜘蛛象征魔鬼，每天都在编织一张大网，捕捉我们的灵魂。像魔鬼一样，蜘蛛也喜暗不喜光。另外，它几乎看不见，却有无与伦比的触觉，比人的触觉更敏锐。**蚕**和蜘蛛一样也会吐丝，但只是把自己包起来防止着凉。它通常待在柏树或桑树叶上。

虫会摧毁树木等植物，同样也会啃噬不洁、邪恶或对上帝忘恩负义之人的身体。这是上天降下的惩罚，正如《德训篇》②所言：“不虔敬人的罪罚，就是烈火与虫子。”[14] 有些作者甚至认为虫还能攻击罪恶的灵魂，只有奇迹才能解救。雅各布斯·德·沃拉金（Jacobus de Voragine）③在《黄金传说》（*La Légende dorée*）中就记述过，某个坏骑士的灵魂被“长满毛的大虫”折磨，这只虫是恶魔放入他体内的，主教将圣彼得罩袍的残片放在他头上把他治好了。[15]

跳蚤刚生下来是白色，很快就会变成黑色，这表示本性不良。这种小虫子住在动物的体毛中，吸食其血。体毛过多的人就会招来跳蚤。被跳蚤咬而

① 见《圣经·旧约·出埃及记》10：1—20。

② 《德训篇》是天主教思高本《圣经·旧约》中的一篇。

③ 雅各布斯·德·沃拉金（约1230—1298年），意大利编年史作家、热那亚主教。其代表作《黄金传说》记录了圣徒们的传奇人生，是中世纪最受欢迎的宗教作品之一。

Viue diu, adeo ut deposita ueteri tunica senectute depo-
nere atque in iuuentam redire perhibeantur. Tunice ser-
pentium exuuie nuncupantur eo quod his quando senescunt se
se exuunt. Dicuntur autem exuuie et induuie quia exu-
untur et induuntur. Pitagoras dicit de medulla hominis
mortui que in spina est serpentem creari. Quod et Ouidius in me-
tamorphoseon libris commemorat dicens: Sunt qui
cum putrefacta spina sepulcro mutari credant huma-
nas angue medullas. Quod si creditur merito euenit ut sicut
per serpentem mors hominis, ita et hominis morte serpens.

Vermis est animal quod plerumque de carne uel de ligno uel de
quacumque re terrena sine ullo concubitu gignitur. Licet
nonnumquam et de ouis nascantur sicut scorpio. Sunt autem uermes
aut terre aut aque aut aeris aut carnium aut frondium
aut uestimentorum. Aranea uermis est ab aeris nutrimento
cognominata que
exiguo corpore
longa fila deducit et tele semper intenta numquam
desinit laborare perpetuum sustinens in sua arte dispen-
dium. Multipes terrenus ex multitudine pedum uocatur
quod contactus in globum humos amplificat. Sanguis-
suga uermis aquatilis dicta quod sanguinem suggit. Pota-
tibus enim insidiantur. Cumque illabitur faucibus uel ubi inspira
adheserit sanguinem haurit et cum nimio cruore
madauerit euomit quod hauserit ut recentiorem denuo
suggat. Scorpio uermis terrenus qui potius uermibus ascri-
bitur non serpentibus. Animal armatum aculeo et ex eo gre-
ce uocatum quod caudam figat et arcuato uulnere uene-
na diffundat. Proprium autem in scorpione est quod manus

▲ **蟋蟀**（约1300—1310年）

蟋蟀是一种大蝗虫，日夜鸣叫不停，以青草、树根、蚂蚁为食，但它如此爱歌唱，以至于忘记寻找食物，有时甚至因此饿死。

里夏尔·德·富尼瓦尔，《爱的动物图鉴》，第戎，市立图书馆，手抄本526，21页反面。

在皮肤上留下的红色印记在雨天会变大，而且更加疼痛。跳蚤不会飞也不会爬，只会跳，雌性跳得比雄性高。要除跳蚤，就要在身上贴大片冷冰冰的卷心菜叶，除**臭虫**也一样。臭虫比跳蚤大，而且很难闻。**虱子**又叫“亮银虫”，要除它只有一个办法：“勤洗、勤梳、勤清理。”虱子不喜欢水和潮湿，大量出汗也能帮助去虱。

中世纪的人受跳蚤、虱子等虫害比现代人少，他们其实比更晚时候的人干净得多，欧洲的卫生习惯是从16世纪开始变差的。路易十四世[1]时期与路易九世时期相比，社会所有阶层都更脏，健康状况变糟，寿命也缩短了。

① 路易十四世（1638—1715年），法兰西波旁王朝国王（1661—1715年在位）。

蚂蚁

与大部分虫不同，蚂蚁的美德很多，“堪为楷模”。它勇敢、有远见、聪明，会为过冬储粮，还会特意把找到的每粒粮食一分为二，不让其发芽或腐坏。基督徒也应这样，把福音书带来的食粮分开，一边是令人枯竭的字面，而另一边是令人活跃的精神。严寒之地的蚂蚁不为冬季储粮，因为会冬眠好几个月。不管哪里的蚂蚁都集体行动，自行分配任务，知道哪些东西有益：

> 蚂蚁从巢穴出来，一个接一个地有序前进，直至到达粮食成熟的田里。庄稼结谷，粒粒饱满。它们如此清楚，仅凭麦秆的气味就能知道是大麦、黑麦还是燕麦。本性使然，它们会放弃这些，继续前行，找到小麦才会爬上麦穗，装满后顺着同样的路线返回巢穴。它们整日往返不停。[16]

我们要学习蚂蚁的远见，放下眼前的愉悦，孜孜不倦地为来生做准备。懒惰是我们最大的敌人，因为它会产生其他危害更大的恶习。动物图鉴的作者都把蚂蚁看作勤劳、不知疲倦、洞察力强、识大体的动物，但有些也说蚂蚁和松鼠一样，储粮多过所需，喜爱囤积，贪婪吝啬，我们不能学它，储存东西要知足。

蚂蚁很干净，会躲避难闻的气味，所以也不喜欢接触人类。被人抓在手里时会吐出一种毒液，让人皮肤灼痛。这种毒液

▼ 蚂蚁（约1285年）

动物图鉴中的蚂蚁有许多值得好基督徒学习的美德，比如勇敢、干净、贞洁、聪明、互助、有远见。它们会为过冬储粮，从不会断粮。

“教士”纪尧姆，《动物图鉴》，巴黎，法国国家图书馆，手抄本14970，8页反面。

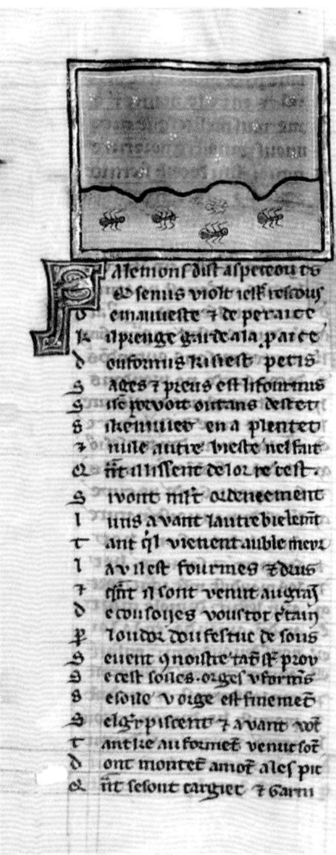

Formica tres natu
ras ht' pma natu
ra est ut ordinate ambu
lent et unaqueq; eaꝝ gra
nū baiulet in ore suo. Et
hee q̄ uacue sūt: n̄ dicūt
date nobis de granis ur̄is
sz uadunt p uestigia pꝝ
usq; ad locum ubi frum̄
tum inueniunt. et afferūt frumtū incubile suum. H ad prude
tium significatōem dicta sufficiant. qa sicut formice 9gregant
ut remunerent' in futō. Scda natura est qndo recondit grana i
cubile suū diuidit ea in duo. ne forte pluuia infundantur in
hieme. et germinent grana: et fame pereat. Sic et tu homo u
ba ueteris et noui testamti diuide. id est discerne: int' spualia et
carnalia. ne litta te occidat. qm lex spualis est. Sicut apls ait.
Litta enim occidit sps aut uiuificat. Judei namq; solam littam
attendentes. et spuale intellectum contempnentes: fame necati
sunt. Tercia natura est. Tempore messis ambulat int' segetes.
et ore intelligit: an ordei sit spica an tritici. Si fuerit ordei: trā
sit ad aliud spicum. et odorat. et si senserit qa tritici est: ascē
dit in sumitatē spici. et tollens inde granū: portat i habitacu
lū suum. Ordeum enī: brutoꝝ animaliū cibus est. Unde di
cit iob. Pro tritico: pduxit m ordeū. Scil' doctrine hereticoꝝ. Or
deacee enim sūt et pcul abiciende. que dirumpunt et inter
ficiunt animas hominū. Fuge g° xpiane oms hereticos. quo
rū dogmata falsa et inimica sunt ueritati. Dicit enim scrip
tura. Confer te ad formicā o piger. emulare uias eī. et esto
illa sapientior. Illa enī cultura nullam possidet. neq; enī q se
cogat ht. neq; sub dño agit. queadmodū pparat escā. q de tu
is laborib; sibi messem recondit. Et cū tu pleruq; egeas: illa
n̄ indiget. Nulla sunt ei clausa horrea. nulle inpenetrabiles

就是它们赖以防卫的铠甲。它们还每日清理巢穴，把死蚂蚁搬到远离蚁巢的地方，葬在专门的墓地里。其葬礼和我们的很像，有抬尸体的，有队列，有特定的下葬地点，还有墓。但在它们的世界中，大家都是平等的，没有国王也没有首领。蚂蚁如此机敏，不需要命令也知道该干什么。

埃塞俄比亚有一种巨型蚂蚁，像狗那么大，生活在山里，长着钩子一样的爪，不停刨土挖地道，一生都在寻找黄金。它们找到很多运回蚁巢，用牙齿将不纯之物去掉，堆得有些通道都会堵住。负责看管金子的是最强壮的蚂蚁，有人走近就驱逐杀死。当地人用一种极为狡诈的诡计来夺取这些金子：

◂ **蚂蚁**（约1270—1275年）

蚂蚁的世界中众生平等，没有国王也没有首领。它们如此勤劳机灵，不需要命令也知道该做什么。

拉丁文动物图鉴，杜埃，市立图书馆，手抄本711，24页正面。

> 当地人找一些正哺乳的母马，三天不给食吃。第四天装上马鞍，在鞍上放几个涂得亮黄的箱子，亮得好像纯金做的一样。当地人和蚂蚁的领地之间隔着一条大河。他们把装好驮鞍的母马赶到河里，等它们上到对岸就离开。饿坏的母马一心只顾吃草，不管发生了什么事。蚂蚁以为是野马，看见金光闪闪的大箱子以为找到了最好的藏金之处，整日忙于把金子搬过来装满藏好。夜幕降临，吃饱的母马在草丛中睡去。当地人这时就把小马赶到河边，让其嘶叫。母马听见小马的呼唤就醒过来，带着贵重的货物过到河的这一边。人以此取得蚂蚁的金子，变得有钱有势。而在河的另一边，蚂蚁很绝望。[17]

前5世纪，希罗多德（Hérodote）[①]就已讲过“蚂蚁寻金”的故事，老普林尼、埃里亚努斯、依西多禄也都继承了这种说法。动物图鉴的作者很难不被吸引。他们的评论发人深省：只积累黄金财富而不投身圣事的人必将失去财富，不管财富藏于何处，魔鬼都会来拿走。

我们先放下埃塞俄比亚的金矿，回到熟悉的土地上。蚂蚁最大的敌人是一种叫作“蚁狮”的大虫，形似蜘蛛，生于污物之汽，主要以蚂蚁为食，捉到就吸食其血，直至蚂蚁死亡。它捉蚂蚁的方法是在沙地上挖一个漏斗形的洞，然后躲在底下，静候猎物。载着谷物的蚂蚁经过时会掉入洞中，顺着漏

① 希罗多德（约前480—前425年），古希腊作家、历史学家，被称为“史学之父”。其代表作《历史》一书以希波战争为主线，介绍了早期西亚、北非等地的地理环境、人文历史等。

▲ **蜂**（约1200—1210年）

中世纪认为蜂群没有蜂后而有蜂王，群蜂为之牺牲性命也在所不辞。蜂王一死，蜂就无所适从，放下任务不管，不去花中采蜜，离开自己的蜂巢另寻别处。

拉丁文动物图鉴，牛津，博德利图书馆，阿什莫尔手抄本1511，75页反面。

斗一直下落，直接落在蚁狮嘴里。按依西多禄的说法，这种凶残之物名“蚁狮”，就表示它克蚂蚁。

蜜 蜂

不是所有的动物图鉴都会提到蜜蜂，但如果提到就会长篇大论，会用很长的篇幅描写各种特性，然后评论其隐义，着墨比任何其他虫，甚至其他动物都多。蜜蜂一直是人的楷模，它是所有动物中最纯洁、最高尚的。是不是正因如此，有些作者才不把它当作虫而当作一种鸟？蜜蜂和鸟一样会飞、会鸣。还有些作者将蜜蜂作为一种特殊的动物，在所有分类之外。百科全书也一样，说起蜜蜂滔滔不绝，以至于写蜜蜂的章节有时甚至会变成关于养蜂的专著，综合古代各种说法，独立成书，单独誊抄，称为“蜂之书”（*Liber de apibus*）。

蜜蜂群居，选出蜂王领导群蜂。蜂王难得一见，因为会被飞舞的群蜂团团围住加以保护，隐而不见。就算在蜂巢里，蜂王也总有近身卫队，由刺最长的蜜蜂组成。一部分蜜蜂在蜂巢中酿蜜制蜡，每只都有自己的小房子；另一部分飞到花丛中采集所需的材料。每次能采到的很少，需采 1000 朵三叶草花才能满载回巢。它们可不会到处乱采，每群蜜蜂都有自己的领地，就像领主的封地一样，而蜂巢就是它们的城堡。劳动是每只蜜蜂都要遵守的法则，懒惰者会被处死，先被窒息然后被吃掉。蜂巢之外，蜜蜂以蜇刺自卫，但也会因此而死，因为蜇针会留在伤口中，连带着把肠子也扯出来。《博物论》说，蜜蜂就像基督，给我们蜜，又为我们牺牲自己。[18]

蜜蜂非常干净，害怕烟熏和噪声，一直打扫蜂巢，从不吃其他动物的肉。死蜜蜂会被挪到蜂巢之外，还会像蚂蚁那样下葬，但蜜蜂比蚂蚁更纯洁，从不交配，终生守贞。它们因这种令人钦佩的行为而被比作圣母，但这也令许多作者诧异，这大群大群的蜜蜂是如何繁殖出来的？《阿什莫尔动物图鉴》做出了回答：

> 熟悉蜜蜂之人说它们从腐坏的牛肉中诞生，方法是：将牛肉捶软，让

Apes dicte. vel quod pedibȝ se alligent. ul' p eo qd' sine pe
dibȝ nascuntur. Nam postea ⁊ pedes ⁊ pennas accipiunt. Hee
sollertes i generandi mell' officio assignatas incolunt sedes.
Domicilia inenarrabili arte cōponunt. ⁊ ex uariis florib; cōdunt
Textilq; ceris innumera ple castra replent. Exercitū et reges
hnt. plia mouent; fumū fugiunt tumltu exasperant; Has ple
riq; expti sunt de boū cadauerib; nasci. Nam p his creandis. uitu
loꝝ occisoꝝ carnes uerberant. ut ex putrefacto cruore uermes cre
ent. q postea efficiuntur apes. Pprie tam apes uocant orte de bob;.
Sicut crabrones de equis. fuci: de mulis. Vespe de asinis. Castros
greci appellant. q in extimis fauorū partib; maiores creantur.
quos aliq reges putant dici: qd' castra ducant. Sole apes i omi
genere animantiū. commune i omib; sobolē hnt. Vna omis inco
lunt mansionē. Vnius patrie clauduntur limine. In commune omib;
labor. communis cib;. communis opatio. communis usus. et fructus
e. communis et uolatus. Qd plura: Communis omib; generatio. Inte
gritas qq corporis uirginal'. Omib; communis et partus. Que nec inter
se ullo concubitu miscentur. nec libidine resoluuntur. nec partus
quatiuntur doloribus. et subito maximū filioꝝ examen emittunt.
foliis atq; herbis ore suo prolem legentes. Ipse sibi regem ordinant.
ipse populos creant. et licet posite sub rege. sunt tam libere. Nam
et prerogatiuā iudicii tenent. et fide deuotionis affectū. quia

> 血充分发酵，之后就会生虫，这些虫子就会变成蜜蜂。只有从牛肉中生出的才叫蜜蜂，用同样的方法从马肉中生出的叫马蜂，从骡肉中生出的叫熊蜂，从驴肉中生出的叫胡蜂。[19]

蜜蜂选蜂王可不是胡乱选的。它们从体形较大的蜜蜂中选出最美且有“富贵之相”的那只。蜂王从不用针蜇人，就算为了报仇也不会。它宅心仁厚、宽宏大量、慷慨大方。我们世界中的执掌王权者也应如此。违背王命的蜜蜂要自决，用自己的针把自己刺死。波斯人也是如此，叛逃者要自裁。

◀ 养蜂（约1270—1275年）

动物图鉴和百科全书写蜜蜂的章节通常是最长的之一，有时甚至能独立成书，变成关于养蜂的专著。蜜蜂不仅有无可比拟的美德，堪为楷模，还给人提供了两种非常重要的东西：蜂蜜和蜂蜡。

拉丁文动物图鉴，杜埃，市立图书馆，手抄本711，37页正面。

蜜蜂绝对忠于蜂王，为保护蜂王牺牲性命也在所不辞，但蜂王一死，群蜂就无所适从，不再干活，也不去采蜜，把巢里的蜜洗劫一空，扔下旧蜂巢另寻他处。幸好它们也颇有远见，事先就选好新蜂王并抚养长大，很快就可以继承先王之位，重建秩序。有时，幼王急于上位，想在老蜂王死前就掌权，于是拥众离开，去远方自立门户。

蜂巢“构造精巧”，里面的小格子呈六边形，个个相连，蜜蜂就把蜂蜜储存在这里。蜂蜜起初是液体，但会逐渐变硬。蜂蜡能保护蜂蜜不被冻坏，也不被熊蜂之类的偷走。其香味也很美妙。《阿什莫尔动物图鉴》采用《圣经》的话①，说我们要以蜜蜂为榜样，还要谢谢它们为我们带来这样的好东西：

> 看看蜜蜂多么勤劳。你要以它为榜样。人人都珍爱蜜蜂，上天派它来，就是让你向它学习，看它多么任劳任怨，值得称道。所有人都想得到它的劳动果实，它一视同仁，给每个人一样的甜美、一样的好处，不管国王还是平民。它不仅令人愉悦，也让人健康。蜂蜜能缓解咽部不适，治疗创伤，这是种药膏，抹在重创之上能让其缓和。[20]

蜜蜂和蝉一样也会鸣叫，尤其是去椴树上采蜜时。这种树在栎树、松树、桦树之前为中世纪社会青睐，是各个方面的模范。在中世纪的作者看来，椴

① 见《圣经·旧约·箴言》16：24，“良言如同蜂房，使心觉甘甜，使骨得医治。”

树只有优点。它也从来没被贬低过，这在树木中独一无二。人们赞赏它挺拔、茂盛、长寿。它也是药典中的明星，汁、皮、叶、花都可入药，尤其是它的花，其镇静作用自古典时代起就已为人所知。椴树花茶被认为可治百病。因此，13 世纪起，人们开始在麻风病院、医院旁边种植椴树，一直持续到近代。蜜蜂酷爱椴树花，椴树蜜有许多治疗和预防的效果，风味上佳。

随着时间的推移，无论从象征意义还是实际意义上说，被蜂鸣围绕的椴树都成了实实在在的“音乐之树”。中世纪流传下来的大部分乐器都以椴木做成，因为椴木不仅轻软，声学特性好，还是蜜蜂之木。蜜蜂到椴树上采蜜，沉醉于其花蜜中。维吉尔被中世纪尊为诗人、法师、先知。我们看看他说的话:

> 夏末树林中，日影西斜时，躺在椴树下，听蜂鸣入眠，好不惬意。这是最甜美温柔的音乐，会带你去众神的国度，那里萦绕着最宜人的自然香气。[21]

► 自然百态（约 1510—1520 年）

在这幅大型画作上，画师罗比内 · 泰斯塔尔（Robinet Testard）描绘了各种动物、植物、矿物物产。蜂蜜和蜂蜡在显眼位置。石油亦然，就在蜂巢左边，这有些出人意料。下方，一个人正拿着铁锹采集硫黄。

《药草之书》，巴黎，法国国家图书馆，法文手抄本 12322，193 页反面。

Miel
Petroleū
Souffre
Os de cueur de cerf

·注 释·

中世纪动物学

1. 这段经常被引用（此处有删减），出自 *Apologie à Guillaume de Saint-Thierry*, dans J. Leclercq, C. H. Talbot et H. Rochais (dir.), *S. Bernardi opera*, vol. III, Rome, 1977, p. 127-128。
2. 所以也严禁混淆人与动物，比如，不许伪装成动物，不许模仿动物的行为，不许纪念、赞颂动物，更不得与动物有罪恶关系，无论是溺爱宠物，还是动物巫术，乃至兽奸之类的下流行为都不可以。这些规定之所以一再被强调，是因为并无实际效果。
3. Dan Sperber 引用并评论，“Pourquoi l'animal est bon à penser symboliquement”，dans *L'Homme*, 1983,p. 117-135。
4. 《罗马书》8 ：21。
5. 因此，本书中未标明引用、参考之处，即为综合几本动物图鉴或百科全书之类的类似文献所得。

动物图鉴：文字与图像

1. M. Pastoureau, “Le symbole médiéval”, dans *Une histoire symbolique du Moyen Âge occidental*, Paris, 2004, p. 11-25.
2. 关于《博物论》的书很多，可参考 F. Lauchert, *Geschichte der Physiologus*, Strasbourg, 1889 以及 N. Henkel, *Studien zum Physiologus im Mittelalter*, Tübingen, 1976。
3. 关于动物图鉴的文本及其演变，参见 P. Meyer, “Les bestiaires”, dans *Histoire littéraire de la France,* t. 34, 1914, p. 362-390; L. G. Allen, *An Analysis of the Medieval French Bestiaries*, Chapel Hill, 1935; F. McCulloch*, Medieval Latin and French Bestiaries*, Chapel Hill (États-Unis), 1960; W. B. Clark et T. McNunn (dir.), *Beasts and Birds of the Middle Ages. The Bestiary and its Legacy*, Philadelphie, 1989; D. Hassig, *Medieval Bestiaries : Text, Image, Ideology*, Cambridge, 1995; R. Baxter, *Bestiaries and their Users in the Middle Ages*, Phoenix Mill (G.-B.), 1999; B.Van den Abeele (dir.), *Bestiaires médiévaux. Nouvelles perspectives sur les manuscrits et les traditions textuelles*, Louvain-la-Neuve, 2005。
4. 迈克尔·斯科特斯（Michael Scotus）于 1230 年左右在托莱多（Toledo）将亚里士多德关于动物的文集从阿拉伯文译为拉丁文。在此前他还译出了阿维森那对此文集的评论。大约一代后，大阿尔伯特将文集和评论几乎原封不动地收入其《动物论》中。但文集的某些段落其实在 12 世纪末就已被译出，为人所知。关于亚里士多德博物著作的重新发现，参见 F. Van Steenberghen, *Aristotle in the West. The Origins of Latin Aristotelianism,* Louvain, 1955; 同上，*La Philosophie au XIIIe siècle,* 2e éd., Louvain, 1991 ; C. H. Lohr, *The Medieval Interpretation of Aristotle*, Cambridge, 1982。

5. 本书一般采用 F. McCulloch, *Medieval Latin and French Bestiaries*, Chapel Hill (États-Unis), 1960 中的分类法，主要有四类动物图鉴，但后又经补充、修改、细分，导致“次类”相当多。评论参见 R. Baxter, *Bestiaries and their Users in the Middle Ages*, Phoenix Mill (G.-B.), 1999。
6. 关于中世纪百科全书，参见“阅读书目”所列书籍。
7. 参见 E.Walberg, Lund et Paris, 1900 的版本。
8. *Chi commence li livres c'on apele Bestiaire. Et por ce est il apelés ensi, qu'il parole des natures des bestes*. Pierre de Beauvais, *Le Bestiaire*, éd. C. Baker, Paris, 2010, p.141, l.1-2.
9. 关于里夏尔·德·富尼瓦尔及其动物图鉴参见 J. Beer, *Beasts of Love. Richard de Fournival's Le Bestiaire d'Amour and a Woman's Response,* Toronto, 2003。
10. Richard de Fournival, *Le Bestiaire d'Amour*, éd. Gabriel Bianciotto, Paris, 2009, p.163-164.
11. 同上，p.11。
12. R. Baxter, 同上，p.123 及多处。
13. X. Muratova, “Adam donne leurs noms aux animaux. L'iconographie de la scène dans l'art du Moyen Âge...”, dans *Studi Medievali*, 3e série, t. XVIII, déc. 1977, p.367-394.
14. 另外，我们也要记住，中世纪的某些作者，甚至词源之父依西多禄自己，在沉醉于词源研究的同时也会轻松一下，故意把最异想天开的说法和最粗糙的类比放在一起。
15. 关于此事，参见 P. Boglioni, “Les animaux dans l'hagiographie monastique”, dans J. Berlioz et M. A. Polo de Beaulieu (dir.), *L'Animal exemplaire au Moyen Âge (Ve-XVe s.)*, Rennes, 1999, p. 51-80。
16. 1255 年 6 月，一头大象来到伦敦。这是几个月前埃及苏丹送给法国国王，法国国王又送给英国国王的。伦敦居民因为大象的到来欢庆了几日，但很快就转喜为悲，因为国王要他们为大象的饲料缴钱。一路跟随、远道而来的训象人和负责照看的仆人天天帮大象在泰晤士河中洗澡，路人见此情景都觉得有趣。著名的史学家和插画师马修·帕里斯（Matthieu Paris）为这头大象画了像，其模样得以流传下来。马修·帕里斯是圣奥尔本斯（Saint-Albans）修道院的修道士，也是英王亨利三世器重的参事。他抄写了许多史书，自己配上彩绘，以墨水笔作画并填色，是独具匠心的艺术家。他曾几次去伦敦近距离观察大象，为我们留下了两幅彩图，其中一幅有题跋，画了训象人，并称其为“巨兽之主”。这两幅画是中世纪动物画的重要转折。当然，这不是艺术家第一次放下象征传统而直接以动物为写生对象。在马修·帕里斯的大象画之前就已有好几幅狮子的写生，皮卡第建筑师维拉尔·德·奥纳库尔（Villard de Honnecourt）的著作《画集》（*Album*）里就有一幅。但这两幅大象画是第一次有画家表明所画是哪个动物，而不是哪种动物，也是我们第一次了解到某个动物的些许“生平”，哪怕不知其大名。在动物入画的历史中，这是极为重要的阶段。被画的动物是活的，它就是被表现的对象，而不是在某个场景中做陪衬，或被用来说明某个人物或行为的性质。图像表现了它的真实特征，图注清楚地说明了其身份，它作为个体被表现出来。这是一幅现代意义上的“肖像”，世所首见。
17. 我自己在 20 世纪 60 年代末的论文开题时就遇到了很多困难，很难让导师接受“中世纪动物图鉴”这个论题，这在他们看来毫无价值，因为其中的主角——动物登不上历史的舞台。
18. *Les animaux ont une histoire*, Paris, 1984 获得了成功，先前的几篇文章为其提供了材料。

19. 参 见 Père C. Cahier, “Du bestiaire et de quelques questions qui s’y rattachent”, dans *Nouveaux Mélanges d’archéologie, d’histoire et de littérature*, Paris, 1874, I, p. 106-174; P. Meyer, “Les bestiaires”, dans *Histoire littéraire de la France*, t. 34, 1914, p. 362-390。
20. A. Franklin, *La Vie privée d’autrefois. Les animaux*, t. I, Paris, 1897, p. 11-12.
21. 在上一条注释提到的作品中，阿尔弗雷德·富兰克林总以乔治·居维叶的动物学为参照。居维叶的学说在 19 世纪末还很新颖，但到 21 世纪初就已过时。随着时间推移，这些动物学作品变成了动物学史作品，这是必然的。
22. Georgps Petit et Jean Theodorides, *Histoire de la zoologie, des origines à Linné*, Paris, 1962. 此作品由高等研究应用学院原第六分部出版，还被收入《思想史》丛书！此书共360页，144页写古典时期，155 页写现代（16—18 世纪），写中世纪及其“一派胡言”的仅 20 页。
23. 参 见 Baudouin Van den Abeele 主 编 的 作 品 *Bestiaires médiévaux. Nouvelles perspectives sur les manuscrits et les traditions textuelles*, Louvain-la-Neuve, 2005 中的批注和参考书目。
24. 参见本章注释 5。因此，本书未提任何分类法。今天的所有分类法在我看来都是刻意为之，作用不大。每个动物图鉴手抄本都是一份独立文献，也应该被当作一份独立文献来研究。

二 野生四足兽

1. 关于这些问题，参见 M. Pastoureau, “Pourquoi tant de lions dans l’Occident médiéval?”, dans A. Paravicini (dir.), *ll mondo animale. The World of Animals* (*Micrologus*, VIII, 1-2), Turnhout et Florence, 2000, t. I, p. 11-30; et *L’Ours. Histoire d’un roi déchu*, Paris, 2007, p. 191-207。
2. 《箴言》30 ：30。
3. 《创世记》49 ：9。
4. 奥古斯丁于 414 年或 415 年写过一段关于以赛亚的著名布道言，并在其中说：“熊即魔鬼。”（Ursus est diabolus）论及大卫打死狮子和熊时（撒母耳记上 17 ：34-37），又将这两种猛兽比作上帝、教徒的敌人，是魔鬼所造。*Sermones*, XVII, 37 (*Patrologia latina*, 39, col. 1819).
5. 《何西阿书》13 ：8。
6. M. Pastoureau, *L’Ours. Histoire d’un roi déchu, op. cit.*, p.99-101 et 237-238.
7. 同上，p.153-180。
8. 同上，p.131-142。
9. Thomas de Cantimpré, *Liber de natura rerum*, éd. H. Boese, Berlin, 1973,p. 122-123 (1.4, c.XXII).
10. A. Franklin 引用 , *La Vie privée d’autrefois. Les animaux*, t. I, Paris, 1887, p.319, 根 据 *Chronique du Religieux de Saint-Denis* (J. Bellaguet 译本 , t. I, Paris, 1864, p. 71)。
11. Richard de Fournival, *Le Bestiaire d’Amour*, éd. et trad. Gabriel Bianciotto, Paris, 2009, p.163-165.
12. X. R. Marino Ferro 引用，*Symboles animaux*, Paris, 1996, p.311。
13. 同上，p. 404-405。
14. Brunet Latin, *Li Livres dou Tresor,* éd. S. Baldwin et P. Barrette, Tempe (États-Unis), 2003, p.212-213.
15. Richard de Fournival, *Le Bestiaire d’Amour, op. cit.*, p.203-205.
16. X. R. Marino Ferro 引用，*Symboles animaux*, Paris, 1996, p. 130。
17. Aristote, *Histoire des animaux*, II, 8; Pline, *Histoire naturelle*, VIII, § 54. 老普林尼认为猴子之间仅以尾区分：“猿最似人，以尾分类。”（Simiarum quoque genera hominis figurae proxima caudis inter se distinguntur）(éd. A. Ernout, Paris, 1952, p.99)
18. *Étymologies*, XII, I, 60.
19. 参见 Thomas de Cantimpré, *Liber de natura rerum,*

op. cit., p. 162 (1., c. XCVI)。

20. 直到 18 世纪，人们才重新考虑人与猴构造相似的说法，这为达尔文的理论做了铺垫。1859 年，达尔文发表了《物种起源》（*On the Origins of Species*）第一版，颠覆了所有关于物种演变及相互关系的理论。
21. X. R. Marino Ferro 引用，*Symboles animaux*, Paris, 1996, p. 193。
22. 同上，p. 305。
23. Guillaume le Clerc, *Le Bestiaire divin*, trad. G. Bianciotto, *Bestiaires du Moyen Âge*, Paris, 1980, p. 86-87.
24. Konrad von Megenberg, *Das Buch der Natur,* éd. F. Pfeiffer, Stuttgart, 1861, p. 161.
25. 17 世纪以后，松鼠在百科全书和动物文学中才有了好的形象，而且转变很快，18 世纪的布冯（Buffon）就把松鼠写成世上最可爱的动物之一，满篇赞叹。参见 M. Pastoureau, *Jésus chez le teinturier. Couleurs et teintures dans l'Occident médiéval*, Paris, 1997, p. 29-32。（乔治·路易·勒克莱尔 [Georges Louis Leclerc,1707—1788 年]，也就是布冯伯爵，法国博物学家、数学家、宇宙学家。其作品对拉马克和居维叶影响很大。——译者注）

家养四足兽

1. G. Bianciotto 译本 , *Bestiaires du Moyen Âge*, Paris, 1980, p. 229-230。
2. P. Mane 引用，*Le Travail à la campagne au Moyen Âge. Étude iconographique*, Paris, 2006, p. 319-326。
3. A. Franklin 引用，*La Vie privée d'autrefois. Les animaux*, t. I, Paris, 1897, p. 69。
4. *Étymologies*, XII, 1, 30.
5. Trad. G. Bianciotto, *Bestiaires du Moyen Âge*, Paris, 1980, p. 218.
6. 采用了亚里士多德的说法，*Génération des animaux*, 5, 2 (540a)。
7. Élien, *De natura animalium libri XVII*, éd. R. Hercher, t. I, Leipzig, 1864, 1, 26 et 6, 1.
8. X. R. Marino Ferro, *Symboles animaux*, Paris, 1996, p. 86.
9. Pierre de Beauvais, *Le Bestiaire* (version longue), éd. C. Baker, Paris, 2010, p. 34; trad. M. Pastoureau.
10. Vincent de Beauvais, *Speculum naturale*, Douai, 1624, p. 1312.
11. A. Franklin, *La Vie privée d'autrefois. Les animaux*, op. cit., p. 123-124.
12. Trad. G. Bianciotto, *Bestiaires du Moyen Âge*, Paris, 1980, p. 219.
13. A. Franklin, *La Vie privée..., op. cit.*, p. 124.
14. Londres, The British Library, MS. Add. 11283, fol. 56 v.
15. Oxfor, The Bodleian Library, MS. Bodley 602, fol. 11.
16. 《马太福音》8 ：30—34、《马可福音》5 ：9—20、《路加福音》8 ：30—39。
17. “犹太猪”（Judensau）的说法诞生于 13 世纪末的德国，很快传播到西欧大部分地区，先是借由手抄本，中世纪末期和 16 世纪又借由印刷和版画大量传播。特伦托大公会议之后变少，但并未完全消失，现代又再度兴起，尤其是在纳粹的宣传中。
18. M. Pastoureau, “Une justice exemplaire : les procès intentés aux animaux (XIIIe-XVIe s.) ”, dans *Cahiers du Léopard d'or*, vol. 9 (*Les rituels judiciaires*), 2000, p. 173-200.
19. Thomas de Cantimpré, *Liber de natura rerum*, éd. H. Boese, Berlin, 1973, p. 115 (1.4, c. XIII).
20. A. Franklin, *La Vie privée..., op. cit.*, p. 95-96. Brunet Latin, *Le Livre du Trésor*, trad. Gabriel

21. Bianciotto, *Bestiaires du Moyen Âge*, Paris, 1980, p. 225-226.
22. Odon de Chériton, *Fabulae*, éd. J. C. Jacobs, Siracus (États-Unis), 1988, p. 65 (*Assemblée des souris contre les chats*).
23. A. Franklin, *La Vie privée..., op. cit.*, p. 88-89.
24. Guillaume le Clerc, *Le Bestiaire divin*, trad. G. Bianciotto, *Bestiaires du Moyen Âge*, *op. cit.*, p. 91.
25. Brunet Latin, *Le Livre du Trésor, op. cit.*, p. 220.
26. A. Franklin 引用，*La Vie privée..., op. cit.*, p. 121-122。

四 鸟类

1. 尤其见于《罗马书》和《加拉太书》。
2. Guillaume le Clerc, *Le Bestiaire divin*, éd. C. Hippeau, Caen, 1882, p. 64; traduction M. Pastoureau.
3. 关于鹰的视力和用鹰代表视力，参见 M. Pastoureau, "Le bestiaire des cinq sens", dans A. Paravicini (dir.), *Les Cinq Sens au Moyen Âge*, Turnhout et Florence, 2000, p. 5-19 (*Micrologus* vol. IX)。
4. F. Unterkircher, *Bestiarium. Die Texte der Handschrift Ms.Ashmole 1511 der Bodleian Library Oxford. Lateinisch-Deutsch, Graz,* 1986, p. 164 (fol. 74 v.).
5. 见本章注释 3 中提到的 M. Pastoureau, "Le bestiaire des cinq sens", p. 19 中关于七宗罪的图。
6. 《以西结书》1 : 1—28、《启示录》4 : 5—11。
7. Aberdeen, The Aberdeen University Library, MS. 24, fol. 17 v.
8. A. Franklin 引 用，*La Vie privée d'autrefois. Les animaux*, t. I, Paris, 1897, p. 227。
9. 同上，p. 227。
10. *Dancus rex*, A. Franklin 引用，同上，p. 161-162。
11. M. Pastoureau, *La Vie quotidienne au temps des chevaliers de la Table ronde*, Paris, 1976, p. 136-138.
12. *Guillelmus falconarius*, éd. G.Tilander, Lund, 1963, p. 148 (*Cynegetica* IX).
13. *Dancus rex*, éd. G.Tilander, 同上，p. 80。
14. *Guillelmus falconarius*, éd. G.Tilander, 同上, p.208。
15. A. Franklin, *La Vie privée..., op. cit.*, p. 160.
16. Richard de Fournival, *Le Bestiaire d'Amour et la response du bestiaire*, éd. Gabriel Bianciotto, Paris, 2009, p. 177.
17. Vincent de Beauvais, *Speculum naturale*, Douai, 1624, p. 1492.
18. 《创世记》6 : 19—21。
19. 关于诺亚方舟及其中动物的图像，参见 M. Pastoureau, "Nouveaux regards sur le monde animal à la fin du Moyen Âge", dans *Micrologus. Natura, scienze e società medievali*, vol. IV, 1996, p. 41-54。
20. Hugues de Fouilloy, *Aviarium*, éd. Willene B. Clark, Binghamton (États-Unis), 1992.
21. Élien, *De natura animalium libri XVII*, éd. R. Hercher, Leipzig, t. I, 1864, III, 44.
22. 同上，V, 34。
23. X. R. Marino Ferro, *Symboles animaux*, Paris, 1996, p. 120.
24. 黑白对立在希腊神话中就已存在。忒修斯（Theseus）出征去打半人半牛的怪物弥诺陶洛斯，他的父亲埃勾斯（Aegeus）望见回来的船挂着代表失败的黑帆而不是代表胜利的白帆，于是投海自尽，结果是忒修斯只顾为胜利高兴，忘了换船帆。
25. P. Mane, *Le Travail à la campagne au Moyen Âge. Étude iconographique*, Paris, 2006, p. 380.
26. J. Hambrör 引 用，"Der Hahn als Löwenschreck im Mittelalter", dans *Zeitschrift für Religions- und Geistesgeschichte*, vol. 18, 1966, p. 237-254, ici p. 243。

27. 《马太福音》26 : 34、74—75。
28. Guillaume Durand de Mende, *Rationale divinorum officiorum*, éd. A. Davril et T. M.Thibodeau, Turnhout, 1995, t. I, p. 19-20. 参见 E. Martin, "Le coq du clocher. Essai d'archéologie et de symbolisme", dans *Mémoires de l'Académie de Stanislas,* Nancy, 1903-1904, p. 1-40。
29. C. Beaune, "Pour une préhistoire du coq gaulois", dans *Médiévales*, vol. 10, 1986, p. 69-80 ; M. Pastoureau, "Le coq gaulois", dans P. Nora (dir.), *Les Lieux de mémoire*, t. III, vol. 3, Paris, 1992, p. 507-539.
30. X. R. Marino Ferro,*Symboles animaux, op. cit.*, p. 104.
31. A. Franklin, *La Vie privée..., op. cit.*, p. 154-155.
32. 参见 Vincent de Beauvais 整理的各种节选, *Spéculum naturale, op. cit.*, p. 1291。
33. Guillaume le Clerc, *Le Bestiaire divin*, trad. G. Bianciotto, *Bestiaires du Moyen Âge*, Paris, 1980, p. 110-111.
34. *Traité des animaux du blason* (XVe s.), Paris, BnF, ms. fr. 14357, fol. 54 v°.
35. Hugues de Fouilloy, *Aviarium, op. cit.*, p. 64.
36. 同上，p. 65。
37. A. Franklin, *La Vie privée..., op. cit.*, p. 169.
38. Thomas de Cantimpré, *Liber de natura rerum*, éd. H. Boese, Berlin, 1973, p. 222 (l. 5, c. CI).
39. Konrad von Megenberg, *Das Buch der Natur*, éd. F. Pfeiffer, Stuttgart, 1861, p. 136.
40. Richard de Fourniral, *Le Bestiaire d'Amour et la response du bestiaire, op. cit.*, p. 119.
41. X. R. Marino Ferro 引用的寓言 , *Symboles animaux, op. cit.*, p. 369。
42. Richard de Fournival, *Le Bestiaire d'Amour...*, *op. cit.*, p. 217-219.

鱼类和水生动物

1. Joinville, *Vie de saint Louis*, éd. J. Monfrin, Paris, 1995, p. 63, § 127.
2. Guillaume Rondelet, p. 361. 这里提到的王后是昂古莱姆的玛格丽特，也就是（法国国王）弗朗索瓦一世的姐姐。关于海人的这一段引自 Pierre Belon, *De la nature et diversité des poissons*, Paris, 1555, p. 32。
3. 《启示录》21 : 1—4。
4. G. Bianciotto 引用，*Bestiaires du Moyen Âge*, 2e éd., Paris, 1992, p. 177-178。
5. Thomas de Cantimpré, *Liber de natura rerum*, éd. H. Boese, Berlin, 1973, p. 234 (l. 6, c.VI).
6. I. Malaxechevarria, "La baleine", dans *Circé. Cahiers de recherches sur l'imaginaire*, t. 12-13 (*Le bestiaire*), 1982, p. 37-50.
7. G. Bianciotto 引用，*Bestiaires du Moyen Âge*, 1992, p. 173。
8. Thomas de Cantimpré, *Liber de natura rerum*, 1973, p. 234 (l. 6, c.VI).
9. A. Franklin, *La Vie privée d'autrefois. Les animaux*, t. I, Paris, 1897, p. 72-73.
10. G. Storm, *Monumenta historica Norvegiae*, Kristiania, 1880, p. 123.
11. 参见法国国家档案馆（Archives nationales）中比亚里茨（Biarritz）市印章（1351 年）的复制品，*Corpus des sceaux français du Moyen Âge,* t. I : *Les Sceaux de villes*, Paris, 1980, p. 124, n° 126。参见 H. Ewe, *Schiffe auf Siegeln*, Berlin, 1972, 多处。
12. 同上面的注释 10。
13. 同上，p. 67-68。
14. G. Bianciotto 引用，*Bestiaires du Moyen Âge*, Paris, 1980, p. 105。
15. *Bestiaire Ashmole,* trad. par D. Poirion *et alii*, Le *Bestiaire*, Paris, 1988, p. 157.

16. X. R. Marino Ferro, *Symboles animaux*, Paris, 1996, p. 361-362.
17. 同上，p.152-153。
18. A. Franklin, *La Vie privée..., op.cit.*, p. 200.
19. X. R. Marino Ferro, *Symboles animaux*, *op.cit.*, p. 291.
20. 同上，p. 293。
21. 同上，p. 379，左下及右下。埃里亚努斯就已讲过这个故事。
22. 指的是圣安东尼在沙漠中受到的诱惑，他被赤身裸体的淫荡女子包围。
23. A. Franklin, *La Vie privée..., op. cit*, p. 203.
24. X. R. Marino Ferro, *Symboles animaux*, *op.cit.*, p. 402.
25. G. Bianciotto 引用，*Bestiaires du Moyen Âge, op. cit.*, p. 176-177.
26. A. Franklin, *La Vie privée..., op. cit.*, p. 200-201.
27. Thomas de Cantimpré, *Liber de natura rerum, op.cit.*, p. 240 (phoca) et 269 (porcus marinus).
28. Richard de Fournirai, *Le Bestiaire d'Amour et la response du bestiaire*, éd. Gabriel Bianciotto, Paris, 2009, p. 181-183.
29. *Bestiaire Ashmole, op.cit.*, p. 157.
30. Thomas de Cantimpré, *Liber de natura rerum*, p. 258-259 (l. 7, c. XXIII : de carpera).
31. 同上，p. 264-265 (l. 7, c. XLVIII).
32. C. Chêne, *Juger les vers. Exorcismes et procès d'animaux dans le diocèse de Lausanne (XVe-XVIe siècles)*, Lausanne, 1995 (*Cahiers lausannois d'histoire médiévale*, vol. 14).
33. X. R. Marino Ferro, *Symboles animaux, op.cit.*, p. 25-26.
34. 大度的康坦普雷说青蛙晚上交配是因为怕羞！Thomas de Cantimpré, *Liber de natura rerum, op.cit.*, p. 307-308 (l. 9, c. XXXV et XXXVI).
35. X. R. Marino Ferro 引用，*Symboles animaux, op.cit.*, p. 113-114。
36. 同上，p. 115。
37. Cambridge, The Fizwilliam Museum Library, MS. 379, fol. 124 verso.
38. Richard de Fournival, *Le Bestiaire d'Amour et la response du bestiaire, op. cit.*, p. 231-233.

蛇与虫类

1. Gossouin de Metz, *L'Image du monde*, éd. O. H. Prior, Lausanne, 1913, p. 136.
2. .Pierre de Beauvais, *Le Bestiaire* (version longue), éd. Craig Baker, Paris, 2010, p. 157-158.
3. Brunet Latin, *Li Livres dou Tresor*, éd. Francis J. Carmody, Berkeley, 1948, p. 180-181; trad. M. Pastoureau.
4. F. Unterkircher, *Bestiarium. Die Texte der Handschrift Ms. Ashmole 1511 der Bodleian Library Oxford. Lateinisch-Deutsch*, Graz, 1986, p. 185 (fol. 84 v.) ; trad. M. Pastoureau.
5. *Bestiaire Ashmole*, trad. D. Poirion *et alii*, Paris, 1988, p. 63.
6. 关于"龙血红"及其传说，参见 M. Pastoureau, "Il colore", dans G. Castelnuovo et G. Sergi (dir.), *Arti e storia nel medioevo*, t. II, Turin, 2003, p. 417-426。
7. F. Baugeister, *Das Siegfrieds Tod*, Tübingen, 1884.
8. 关于"超自然"和"奇观"的区别，参见 J. Le Goff, *L'Imaginaire médiéval*, Paris, 1985, p.11-23; 同一作者 , *Héros et merveilles du Moyen Âge*, Paris, 2003, 多处。
9. F. Collard, *Le Crime de poison au Moyen Âge*, Paris, 2003, p. 124.
10. X. R. Marino Ferro, *Symboles animaux*, Paris, 1996, p. 372.
11. A. Franklin, *La Vie privée d'autrefois. Les animaux*,

t. I, Paris, 1897, p. 188-189.

12. 同上，p. 190-191。
13. Pierre de Beauvais, *Le Bestiaire* (version longue), *op. cit.*, p. 182.
14. 《德训篇》7：19。（原文写《德训篇》41：10，但依据天主教思高本《圣经》，应为《德训篇》7：19。而新教和合本《圣经》并无《德训篇》。——译者注）
15. X. R. Marino Ferro, *Symboles animaux, op. cit.*, p. 431.
16. Guillaume le Clerc, *Le Bestiaire divin*, G. Bianciotto 引用并翻译 , *Bestiaires du Moyen Âge*, Paris, 1980, p. 82。
17. 同上，p. 84-85。参见 X. R. Marino Ferro, *Symboles animaux, op. cit.*, p. 431。
18. 同上，p. 12。
19. *Bestiaire Ashmole, op. cit.*, p. 142.
20. 同上，p. 143-144。
21. Virgle, Georgica, éd. W. Janell, Leipzig, Teubner, 1931, livre IV, §67 (éd. R. Mynors, Oxford, 1969, § 68); trad. M. Pastoureau.

·附 录·

引用的主要作者及文献

列出以下人物及文献旨在让读者对本书中诸多引文的作者及出处有所了解。所引版本见“参考的主要书籍”。欲详细研究，请参见通用参考书和工具书，尤其是《法国文学词典·中世纪卷》（*Dictionnaire des lettres françaises. Le Moyen Âge*），1992 年出版于巴黎，由热纳维耶芙·阿斯诺尔（Geneviève Hasenohr）和米歇尔·津克（Michel Zink）主编。

大阿尔伯特

Albert le Grand，1206—1280 年

即阿尔布雷希特·冯·博尔施德特（Albrecht von Bollstädt），生于施瓦本地区的一个贵族家庭。他很早就进入多明我修会，并先后在巴黎大学和科隆（Cologne）担任神学导师，其学生包括托马斯·阿奎那（Thomas Aquinas）。他声望甚高，受到多方邀请，曾担任过雷根斯堡（Regensburg）主教，但很快辞职，专心教学。其著作浩繁，涉及广泛，尤其是在自然科学方面。1260 年前后，他完成了一部拉丁文动物专著（《动物论》[*De animalibus*]），其中许多说法承袭亚里士多德、老普林尼和康坦普雷的托马，同时还有从个人的经验和观察得出的结论，关于鸟类的长篇宏论则取自各种训隼著作。

“英格兰人”巴塞洛缪斯

Barthélemy l'Anǵlais，约 1190—约 1250 年

方济各会修道士，应该出生于英格兰，曾在沙特尔（Chartres）、牛津、巴黎等地学习，之后居于德国马格德堡（Magdeburg）的方济各会修道院。1225—1240 年前后，他为方济各会修道士编撰了一套 19 卷的百科全书《事物特性》（*De proprietatibus rerum*），以方便解经传道。这套百科全书大获成功，其中有 3 卷写动物。1372 年，神学导师、法国王室神父让·科尔伯雄（Jean Corbechon）奉法国国王查理五世之命将其翻译成法语。

布吕内·拉坦

Brunet Latin（Brunetto Latini），约 1220—1294 年

佛罗伦萨的公证员，1260—1266 年间流亡法国。他在法国直接用法语写出了最重要的作品《珍宝录》（*Li Livres dou Tresor*）。这本百科全书相对简短，综合了许多拉丁文文献，尤以地理和博物为重（占 1/3 篇幅）。此书大获成功，经久不衰。

埃里亚努斯

Élien（Claudius Aelianus），约175—约235年

说希腊语的古罗马演说家，著作丰富，但几乎全部失传，只有一部写历史、地理的《杂文轶事》（*Varia Historia*）和一部写动物之神奇的《动物本性》（*De Natura Animalium*）流传下来。后者共17卷，每卷又分成很短的章节，描写了70种四足兽、109种鸟、130种鱼、近50种蛇的性质和特点。东方的寓言和传说在书中占重要地位，有许多被中世纪的动物图鉴继承。

“教士”纪尧姆

Guillaume le Clerc，13世纪前1/3

诺曼底教士，生平不得而知，作品以拉丁文和地方语言于13世纪前1/3写成。《神圣动物图鉴》（*Le Bestiaire divin*）是为一位神秘的“领主”拉乌尔（Raoul）所作，有20多份手抄本流传下来，从中可看出强烈的宗教、道德、社会考虑，但也不可否认他善于观察。他对当时的大人物非常严苛，不管是教职人员还是世俗人士。

富伊瓦的于格

Hugues de Fouilloy，约1120—约1172年

皮卡第修道士，著书颇丰，但人们在很长一段时间内以为这些书是圣维克托的于格（Hugues de Saint-Victor）所作，两人同一时期，后者在当时享有盛名。富伊瓦的于格著有一本《禽鸟图鉴》（*De avibus*），以鸟类本性及特点之名教导信仰的真谛，颂扬僧侣的生活。

塞尔维亚的依西多禄

Isidore de Séville，约560—636年

塞维利亚主教，他继承了其兄莱安德罗（Léandre）的教职，既当主教，又做学问，还教书育人。其众多作品中最著名的是《词源》（*Etymologiae*），这部百科式的书规模宏大，涉及所有方面的知识。依西多禄在其中综合了许多之前的理论，详尽论述了词的起源和历史。他认为，研究词汇，寻找某个词最初的形式，就能看清事物的真相。依西多禄的《词源》对中世纪的思想和认知有着巨大的影响。

约翰·曼德维尔

Jean de Mandeville，约1300—约1372年

我们对此人知之甚少，他应该是英国贵族，著有一本宝石图鉴和一本著名的游记。这本游记于1355—1356年前后在列日成书。约翰·曼德维尔说自己在1322—1350年间游历了亚洲，经过了许多国家，描绘了各种动物及其奇妙的特性。今天，评论界认为曼德维尔是“室内旅行家”，从来没有离开过欧洲，只是阅读了好几个图书馆的书籍。但他的《游记》依然大获成功，被翻译成10种语言，现留存250份手抄本，1600年之前印了90版。

梅根堡的康拉德

Konrad de Megenberg，约1309—1374年

出生于巴伐利亚的教士，其作品涉及诸多题材，他曾在巴黎和雷根斯堡任教。现留存一本《自然之书》（*Buch der Natur*），于1349—1350年前后编撰，是将康坦普雷的托马所著的拉丁文百科全书《事物本性》（*De natura rerum*）的博物部分改编并翻译为德语而成。原书20卷，《自然之书》减少到8卷，其中第3卷整卷描写动物，也是最丰富的一卷。

马可·波罗

Marco Polo，1254—1324年

1271—1295年，马可·波罗与父亲、叔叔一起在亚洲做了一次漫长的旅行，其父亲和叔叔都是威尼斯的商人。马可·波罗穿过中东和中亚，在中国停留了许久，然后去了印度。他经常出入蒙古宫廷，甚至被大汗委以各种外交职务。回到威尼斯后，马可·波罗参加了对抗热那亚的战争并被俘。传说他在狱中向另一个囚犯吕斯蒂谦（Rustichello da Pisa）讲述了旅行的见闻，或是他口述，让吕斯蒂谦记录。游记以介于法语和意大利语之间的威尼斯语写成。原本已散佚，

现存几份抄本，有许多相左之处，同时也有各种修订、改编、翻译、缩略的版本，由此可见此书十分成功。书名有三种：《世界异想》（*Le Devisement du monde*）、《百万》（*Le Million*）、《奇观之书》（*Le Livre des merveilles*）。最后这个书名可以体现奇观，尤其是动物奇观，在马克・波罗的游记中占有多么重要的地位。

切里顿的奥登

Odon de Cheriton，约 1185—1247 年

英国神父，因布道时常以动物为例而在当时很出名。著有一部拉丁文寓言集，收录 75 个寓言，有些借自伊索，有些借自不同的古罗马寓言家和中世纪的几位作者。

奥比安

Oppien，2 世纪和 3 世纪

有两位叫作奥比安的古希腊作者写过动物方面的作品。一位是科里库斯的奥比安（Oppien de Corycus，2 世纪），他写过一首关于捕鱼和鱼类的长诗《捕鱼》（*Halieutiques*）；另一位是叙利亚的奥比安（Oppien de Syrie，3 世纪），他写过一首关于狩猎和四足兽的长诗《狩猎》（*Cynégétiques*）。中世纪动物图鉴从这两位奥比安的作品中借用了多个传说，将两人混为一谈。

塔翁的菲利普

Philippe de Thaon，12 世纪前半期

来自诺曼底的英国教士，生平不详，以当时的地方语言著有几本科普作品，包括一本作于 1121—1135 年间的诗体动物寓言集，以及两本宝石图鉴。其《动物图鉴》借鉴了拉丁文版《博物论》的许多内容，用了很大篇幅描写鸟类。

《博物论》

Physiologus，2 世纪和 3 世纪

2 世纪末或 3 世纪初时在亚历山大的基督徒以希腊文写成，是所有中世纪动物图鉴的始祖。这是一本博物专著，篇幅较短，描写了 40 多种动物（以及几种石头）的本性和特征，并做出宗教和道德的诠释。这本书很早就被翻译成拉丁文，并加入了借自老普林尼、依西多禄和基督教早期教父的内容，催生了各种类型的动物图鉴，这些动物图鉴又借用其他文本的内容，并被翻译成地方语言，或以地方语言仿写。

博韦的皮埃尔

Pierre de Beauvais，13 世纪前半期

德勒（Dreux）家族的教士，与博韦主教德勒的菲利普相熟，生平未知。著作颇丰，多以散文写成，其中有一本《动物图鉴》，现存两个版本，一个是短版，只有 38 章，由皮埃尔本人于 1206 年之前完成；另一个是长版，共有 71 章，比短版晚至少 30 年，甚至可能 40 年，虽然通常认为是皮埃尔所作，但很可能是某个模仿者或续写者所作。

皮埃尔・德・克雷桑

Pierre de Crescens，1230—1321 年

博洛尼亚的法官，晚年隐居于乡村领地，于 1300 年前后完成了一部拉丁文农学专著——12 卷本的《乡野之益》（*Ruralium commodorum libri* XII），一直到近代都大受欢迎。其中第 9 卷写家养动物，篇幅很长；第 10 卷写狩猎和捕鱼。

老普林尼

Pline l'Ancien，23—79 年

经过在罗马的刻苦学习之后，老普林尼投笔从军，在日耳曼地区、高卢、西班牙服役了很长时间，休息和冬季驻扎时就写作关于历史、语法和修辞的作品，但都散佚了，只有 37 卷的巨型百科《自然史》（*Historia naturalis*）流传下来。此书完成于公元 77 年，由近 30 年系统摘录、整理的内容汇集而成。其中有 4 卷专写动物，另有 4 卷专写从动物身上提取的药物。老普林尼的这本《自然史》被视为“权威之作”，在整个中世纪不断被阅读、崇拜、评论、抄袭。

拉邦·莫尔

Raban Maur，约780—856年

著名神学家阿尔琴（Alcuin）的得意弟子，“加洛林文艺复兴”的主要缔造者，年轻时就已出入查理曼及其后人“虔诚者”路易的宫廷。822年，他成为富尔达（Fulda）修道院院长，844年又成为美因茨（Mainz）大主教。其著作丰富，晚年编有一本百科全书《宇宙论》（*De universo*），借鉴了老普林尼和依西多禄的许多内容，但也加入了神学的评论和宗教、道德诠释。其中写动物的部分占了很大篇幅。

里夏尔·德·富尼瓦尔

Richard de Fournival，1201—1260年

法国国王腓力二世的御医之子，先后在巴黎和鲁昂担任教士，知识渊博，喜爱藏书，对神学、科学、文学的各个方面内容都很感兴趣，是当时藏书最多者之一，这些书后来大多给了索邦神学院图书馆。他最著名的作品是《爱的动物图鉴》（*Le Bestiaire d'Amour*），以散文体、地方语言写成，与13世纪其他动物图鉴的不同之处在于，这本动物图鉴从动物的本性和特点中得出的不是道德或宗教教诲，而是关于爱情的道理和如何求爱。每种动物的每个特性都有一个或几个“例证”，是男女在恋爱中的行为。

《列那狐的故事》

Roman de Renart

所谓《列那狐的故事》，其实是27首诗，基本独立，长短不一，模仿武功歌讲述了一只狡猾好斗的狐狸所经历的冒险。这些诗以八音节诗句写成，每首都有一条主线和几条副线，称为一“支”（branche）。最古老的几“支”写于1174—1205年前后，联系较紧密，其他的较松散，写于13世纪前半期。之后又加入了各种续写、改写，但主旨已不同，对社会和世界的冷嘲热讽代替了幽默和戏仿。主体的两部分由3代、20多位不同的教士写成，贯穿始终的是狐狸列那和狼伊桑格兰的斗争，其他主要人物的性格也基本前后一致。由此形成了一个真正的动物社会，也是人类社会的缩影。每个动物都有自己的名字，因体貌特征或传统象征意义而代表一种人。

索利努斯

Caius Julius Solinus，3世纪

拉丁编纂者，生平完全未知。曾在老普林尼的《自然史》中选择新奇、难忘之事并按地点分类写成节略本。此作品在手抄本中名称各异（*Collectanea rerum memorabilium*，*De mirabilibus mundi*，*Polyhistor*），在中世纪被广泛阅读。

康坦普雷的托马

Thomas de Cantimpré，约1201—约1272年

原为专职教士，1230年前后在鲁汶（Leuven）成为多明我会修道士。这一修会的生活更适合好学的他。在科隆上过大阿尔伯特的课之后，他被任命为多明我会在德国及荷兰的总布道师。出于对自然博物的兴趣和将所知用于布道的愿望，他编撰了一部百科全书——《事物本性》。第一版完成于1228—1230年间，共19卷。第二版更长，完成于1244年。这两版中写动物的部分都占了相当大的篇幅，接近全书的2/3。大阿尔伯特在《动物论》中、“英格兰人”巴塞洛缪斯在《事物特性》中、博韦的樊尚在《自然之镜》（*Speculum naturale*）中，都曾整段引用过这本百科全书的内容。

博韦的樊尚

Vincent de Beauvais，约1195—1264年

巴黎多明我会修道士，1246年成为熙笃会鲁瓦约蒙（Royaumont）修道院的朗读教士，此后与法国国王路易九世一直保持联系，甚至一度成为其孩子的家庭教师。主要作品《巨镜》（*Speculum Maius*）完成于1258年前后，是一部巨型百科全书，摘录、综合、列举了许多以前的文献，分为3部分，其中的《自然之镜》完全写博物，而动物在其中占了很大篇幅。

书中出现的主要手抄本

下面所列绝无意囊括书中出现的所有手抄本，只想让读者对这些手抄本的内容有所了解，因其既有动物图鉴也有其他内容，另外也让读者知晓其年代、地点、大小、张数、插图数，有可能的话也指出插画师为何人。欲了解更多，请参考“阅读书目”中列出的作品、图书馆目录以及研究中世纪插图手抄本的专业工具书。我们对以下各手抄木的了解也有浅有深，有些著名的手抄木，比如阿伯丁、牛津、圣彼得堡的手抄本都已被深入研究过，而其他更多的手抄本还有待史学家进一步了解。

阿伯丁，阿伯丁大学图书馆

手抄本 24：拉丁文动物图鉴（《阿伯丁动物图鉴》），麦卡洛克（F. McCulloch）分类法第 2 类。英格兰北部，约 1195—1200 年。羊皮纸，31×21 厘米，103 张。

康布雷，市立图书馆

手抄本 259：神学及自然哲学文集，包括富伊瓦的于格的《禽鸟图鉴》（fol. 192-203 v.）。法国北部，约 1280—1290 年。羊皮纸，21×15 厘米，324 张。

剑桥，菲茨威廉博物馆暨图书馆

手抄本 254：拉丁文动物图鉴，麦卡洛克分类法第 3 类。英格兰，约 1220—1230 年。羊皮纸，28×18 厘米，46 张。

手抄本 379：拉丁文动物图鉴，麦卡洛克分类法第 3 类。英格兰，约 1300—1320 年。羊皮纸，26×16 厘米，61 张。

哥本哈根，皇家图书馆

手抄本 Gl. kgl. S. 1633 4°：拉丁文动物图鉴（《安·沃尔什动物图鉴》[*The Ann Walsh Bestiary*]），麦卡洛克分类法第 2 类。英格兰，约 1400—1420 年。羊皮纸，21×14 厘米，77 张，117 幅图。

第戎，市立图书馆

手抄本 526：文学选集，包括《玫瑰传奇》（*Roman de la Rose*）的一部分和里夏尔·德·富尼瓦尔的《爱的动物图鉴》。皮卡第，约 1300—1310 年。羊皮纸，21×14 厘米，161 张。

杜埃，市立图书馆

手抄本 711：拉丁文动物图鉴（《动物本性》），麦卡洛克分类法第 3 类。康布雷，约 1270—1275 年。羊皮纸，23×16 厘米，60 张。

海牙，梅尔马诺·韦斯特雷尼亚尼姆博物馆

手抄本 10 B 25：晚近拉丁文动物图鉴。法国（卢瓦尔河谷？[Val de Loire?]），约 1450 年。羊皮纸，25×18 厘米，76 张，103 幅图。

伦敦，大英图书馆

手抄本 Add. 11283：拉丁文动物图鉴，麦卡洛克分类法第 2 类。英格兰，约 1180—1190 年。羊皮纸，28×18 厘米，41 张，107 幅素描，几幅水彩。

哈雷手抄本 4751：拉丁文动物图鉴（《哈雷动物图鉴》[*The Harley Bestiary*]），麦卡洛克分类法第

1类。英格兰南部（索尔兹伯里？[Salisbury?]），约1230—1240年。羊皮纸，31×23厘米，74张，106幅图，与牛津博德利手抄本764的插图近似。

王室手抄本12. C. XIX：拉丁文动物图鉴，麦卡洛克分类法第2类。英格兰北部（达勒姆？[Durham?]），约1200—1210年。羊皮纸，22×16厘米，112张，80幅图，与圣彼得堡手抄本及皮尔庞特·摩根图书馆M 81手抄本的插图近似。

王室手抄本12. F. XIII：拉丁文动物图鉴（《罗切斯特动物图鉴》[*The Rochester Bestiary*]），麦卡洛克分类法第2类，后接盎格鲁－诺曼语的宝石图鉴。英格兰东南部，约1230年。羊皮纸，30×22厘米，152张，55幅图。

斯隆手抄本278：富伊瓦的于格，《禽鸟图鉴》（fol. 1-43 v.），后接诗体改写版拉丁文《博物论》，名为《金口格言》（*Dicta Chrysostomi*，fol. 44-57）。法国北部或布拉班特（Brabant），约1260—1280年。羊皮纸，27×19厘米，57张。

斯隆手抄本3544：拉丁文动物图鉴，麦卡洛克分类法第2类。英格兰，13世纪中期。羊皮纸，20×14厘米，44张，112幅图。

牛津，博德利图书馆

阿什莫尔手抄本1511：拉丁文动物图鉴（《阿什莫尔动物图鉴》），麦卡洛克分类法第2类。英格兰（彼得伯勒？[Petersborough?]），约1200—1210年。羊皮纸，28×18厘米，122张，6幅整页彩图，130幅图。

博德利手抄本764：拉丁文动物图鉴（《博德利动物图鉴》），麦卡洛克分类法第2类。英格兰南部，约1230—1240年。羊皮纸，30×20厘米，137张，123幅图，与大英图书馆哈雷手抄本4751的插图近似。

巴黎，法国国家图书馆

法文手抄本136："英格兰人"巴塞洛缪斯，《事物特性》，（让·科尔伯雄译本）。勒芒（Le Mans），约1445—1450年。插图由巴塞洛缪斯的导师绘制。羊皮纸，32×24厘米，176张。

法文手抄本216："英格兰人"巴塞洛缪斯，《事物特性》，（让·科尔伯雄译本）。巴黎，约1400年。插图由佩兰·勒米埃？（Perrin Remiet?）绘制。羊皮纸，216张。

法文手抄本1951：里夏尔·德·富尼瓦尔（1201—1260年），《爱的动物图鉴》。巴黎（？），约1300年。羊皮纸，69张。

法文手抄本12322：《药草之书》。法国西部，约1510—1520年。插图由罗比内·泰斯塔尔（Robinet Testard）绘制。羊皮纸。

法文手抄本12400：霍亨斯陶芬家族皇帝腓特烈二世训隼专著的法文（洛林方言）译本。法国东部（兰斯？[Reims?]），约1280—1290年。插图由西蒙·多莱昂（Simon d'Orléans）绘制。羊皮纸，35×23厘米，186张。

法文手抄本14970："教士"纪尧姆，《动物图鉴》（*Le Bestiaire*，fol. 1-34 v.），后接雷恩（Rennes）主教马尔博德（Marbode）拉丁文宝石图鉴的译本（fol. 35-48）。埃诺（Hainaut），约1285年。羊皮纸，24×17厘米，48张。

法文手抄本15213：亚历山大·尼卡姆（Alexandre Neckam）寓言法文翻译集（fol. 1-56 v.），后接里夏尔·德·富尼瓦尔的《爱的动物图鉴》（fol.57-95 v.）。巴黎，约1320—1330年。羊皮纸，19×13厘米，96张。

法文手抄本22531："英格兰人"巴塞洛缪斯，《事物特性》，（让·科尔伯雄译本）。巴黎，约1410—1415年。插图由波爱修斯（Boèce）的导师绘制。羊皮纸，40×30厘米，400张。

法文手抄本22971：《博物之秘——世界奇观》。法国，干邑（Cognac），约1480—1485年。插图是罗比内·泰斯塔尔为昂古莱姆的查理（Charles d'Angoulême）绘制的。羊皮纸，31×21厘米，95张。

拉丁文手抄本2495 B：哲学及博物文集，包括拉丁文动物图鉴（fol. 1-4 v. 及29 v.-47）和富伊瓦的于格的《禽鸟图鉴》（fol. 5-27）。法国北部，约1230年。羊皮纸，31×21厘米，72张。

拉丁文手抄本3630：教会圣师著作研究文集，后接动物图鉴（fol. 75-96），直接来自拉丁文《博物论》。英格兰，13 世纪中期至后 25 年。羊皮纸，97 张，24×20 厘米，动物图鉴部分有 106 幅方形小插图，图文混编。

拉丁文手抄本 11207：博物文集，包括拉丁文动物图鉴（fol. 1-40）。法国北部，13 世纪。羊皮纸，26×22 厘米，124 张。

圣彼得堡，俄罗斯国家图书馆

拉丁文手抄本 Q.v.V.1：拉丁文动物图鉴，麦卡洛克分类法第 2 类。英格兰（林肯？[Lincoln?]、约克？[York?]），约 1180—1190 年。羊皮纸，21×15 厘米，91 张，114 幅图。

瓦朗谢讷，市立图书馆

手抄本 101：拉丁百科文集，包括禽鸟图鉴（fol. 171-188 v.），近似于富伊瓦的于格所作的那一本；还有动物图鉴（fol. 189-200 v.），麦卡洛克分类法第 1 类。法国北部，约 1240 年。羊皮纸，35×23 厘米，202 张。

参考的书籍及阅读书目

参考的主要书籍

- **A**délard de Bath, *De cura accipitrum*, éd. A. E. H. Swaen, Groningen, 1937.
- Albert le Grand (Albertus Magnus), *De animalibus libri XXVI*, éd. Hermann Stadler, Münster, 1916-1920,2 vol.
- Alexandre Neckam (Alexander Neckam), *De naturis rerum libri duo*, éd. Thomas Wright, Londres, 1863 (*Rerum britannicarum medii aevi scriptores, Roll series*, 34).
- **B**arthélémy l'Anglais (Bartholomaeus Anglicus), *De proprietatibus rerum...*, Francfort, 1601 (réimpr. Francfort, 1964) ; éd. Baudouin Van den Abeele *et alii*, Turnhout, 2007 (Prolégo-mènes et livres I à IV).
- Bède le Vénérable (Beda Venerabilis), *De natura rerum*, éd. Charles W. Jones, dans *Corpus christianorum, Series latina*, vol. 123 A, Turnhout, 1975, p. 173-234.
- *Bestiaire Ashmole*, éd. Franz Unterkircher, *Bestiarium. Die Texte der Handschrift Ms. Ashmole 1511 der Bodleian Library Oxford. Lateinisch-Deutsch*, Graz, 1986.
- *Bestiaire Bodley*, éd. Richard Barber, Woodbridge (G.-B.), 2003 (Oxford, The Bodleian Library, MS. Bodley 764).
- *Bestiaire de Cambrai, éd*. Edward B. Ham, "The Cambrai Bestiary", dans Modern Philobgy, 36 (1939), p.225-237.
- *Bestiaire latin de la deuxième famille*, éd. et trad. Willene B. Clark, *A Médiéval Book of Beasts. The Second Family Bestiary. Commentary, Art, Text and Translation*, Woodbridge (G.-B.), 2006.
- Brunet Latin (Brunetto Latini), *Li Livres dou Tresor*, éd. Francis J. Carmody, Berkeley, 1948 ; éd. S.Baldwin et P. Barrette, Tempe (États-Unis), 2003.
- **C**hace dou cerf, éd. Gunnar Tilander, Stockholm

1960 (Cynegetica,VII).

- **D**e *bestiis et aliis rebus*（误为 Hugues de Saint-Victor 所作）, éd J.-P. Migne dans *Patrologia latina*, vol. 177, Paris, 1964, col. 9-164。
- **É**lien (Claudius Aelianus), *De natura animalium libri XVII*, éd. R. Hercher, Leipzig, 1864-1866.
- **F**rédéric II, empereur, *De arte venandi cum avibus*, éd. C. A.Willemsen, Leipzig, 1942.
- **G**ace de la Buigne, *Le Roman des déduis*, éd. W. Blomqvist, Karlshamn, 1951.
- Gaston Phébus, *Livre de la chasse*, éd. Gunnar Tilander, Karlshamn, 1971 (*Cynegetica*, XVIII).
- Gervaise, *Bestiaire*, éd. Paul Meyer, dans *Histoire littéraire de la France*, t. 34 (1915), p. 379-381; éd. et trad. Luigina Morini, "Il Bestiaire di Gervaise", dans *Bestiari medievali*, Turin, 1996, p. 287-361.
- Gossouin de Metz, *L'Image du monde*, éd. O. H. Prior, Lausanne, 1913.
- Guillaume le Clerc, *Le Bestiaire divin*, éd. C. Hippeau, Caen, 1882; *Das Thierbuch des normannischen Dichters Guillaume le Clerc,* éd. R. Reinsch, Leipzig, 1892.
- **H**ardouin de Fontaines-Guérin, *Le Trésor de vénerie*, éd. H. Michelant, Metz, 1856.
- Henri de Ferrières, *Les Livres du roy Modus et de la royne Ratio*, éd. Gunnar Tilander, Paris, 1932, 2 vol.
- Honorius (Honorius Augustodunensis), *De imagine mundi*, éd. J.-P. Migne, *Patrologia latina*, 172, col. 115-188.
- Hugues de Fouilloy, *Aviarium,* éd. Willene B. Clark, Binghamton (États-Unis), 1992.
- **I**sidore de Séville (Isidorus Hispalensis), *Etymologiae seu origines*, livre XII, éd. Jacques André, Paris, 1986.
- **J**acques de Vitry, *Historia orientalis*, éd. D. F. Moschus, Douai, 1597.
- **K**onrad von Megenberg, *Das Buck der Natur*, éd. F. Pfeiffer, Stuttgart, 1861.
- **L**iber *monstrorum*, éd. Moriz Haupt, Opuscula, vol. 2, Leipzig, 1876, p. 218-252.
- **N**orthumberland *Bestiary (The)*, éd. Cynthia White, Louvain-la-Neuve, 2009.
- **O**ppien (Oppianus Apameensis), *Cynegetica*, éd. Manolis Papathomopoulos, Leipzig, 2003.
- Ovide (Publius Ovidius Naso), *Métamorphoses*, éd. G. Lafaye, Paris, 1961-1991, 2 vol.
- **P**hilippe de Thaon, *Bestiaire*, éd. E.Walberg, Lund-Paris, 1900. *Physiologus latinus* (version B), éd. Francis Carmody, Paris, 1939.
- Pierre de Beauvais, *Bestiaire*, éd. C. Cahier et A. Martin, dans *Mélanges d'archéologie, d'histoire et de littérature*, t. 2, 1851, p. 85-100, 106-232; t. 3, 1853, p. 203-288; t. 4, 1856, p. 55-87; *Le Bestiaire de Pierre de Beauvais (version courte)*, éd. Guy Mermier, Paris, 1977; *Le Bestiaire, version longue attribuée à Pierre de Beauvais*, éd. Craig Baker, Paris, 2010 (Classiques français du Moyen Âge).
- Pierre Damien (Petrus Damianus), *De bono religiosi status*, P.L. 106, col. 789-798.
- Pline l'Ancien (C. Plinius Secundus), *Naturalis historia*, éd. A. Ernout *et alii*, Paris, 1947-1988, 37 vol.
- Pseudo-Hugues de Saint-Victor, *De bestiis et aliis rebus*, éd. J.-P. Migne, *Patrologia latina*, 111, col. 15-164.
- **R**aban Maur (Hrabanus Maurus), *De universo*, éd. J.-P. Migne, *Patrologia latina*, 111, col. 9-614.
- Richard de Fournival, *Le Bestiaire d'Amour et la Response du bestiaire*, éd. Gabriel Bianciotto, Paris, 2009.
- *Roman de Renart*, éd. Armand Strubel *et alii*, Paris, 2011.
- **S**olin (Caius Julius Solinus), *Collectanea rerum memorabilium*, éd. Th. Mommsen, 2e éd., Berlin, 1895.

- **T**homas de Cantimpré (Thomas Cantimpratensis), *Liber de natura rerum*, éd. Helmut Boese, Berlin, New York, 1973.
- Twiti, *La Vénerie de Twiti*, éd. Gunnar Tilander, Uppsala, 1956 (Cynegetica, II).
- **V**incent de Beauvais (Vincentius Bellovacensis), *Speculum naturale*, Douai, 1624 (réimpr. Graz, 1965).

阅读书目

・概 论・

- **A**udoin (Frédérique), *Hommes et animaux en Europe de l'époque antique aux temps modernes. Corpus de données archéozoologiques et historiques*, Paris, 1993.
- **B**erlioz (Jacques) et Polo de Beaulieu (Marie Anne), dir., *L'Animal exemplaire au Moyen Âge (Ve-XVe s.)*, Rennes, 1999.
- **D**elort (Robert), *Les animaux ont une histoire*, Paris, 1984.
- **F**lores (N. C.), dir., *Animals in the Middle Ages. A Book of Essays*, New York et Londres, 1996.
- Franklin (Alfred), *La Vie privée d'autrefois. Les animaux*, Paris, 1897-1899, 2 vol.
- **J**ames-Raoul (Danièle) et Thomasset (Claude), dir., *Dans l'eau, sous l'eau. Le monde aquatique au Moyen Âge*, Paris, 2002.
- **K**lingender (Francis D.), *Animals in Art and Thought to the End of the Middle Ages*, Londres, 1971.
- **L***e Monde animal et ses représentations au Moyen Âge (XIe-XVe s.). Actes du XVe Congrès de la Société des historiens médiévistes de l'enseignement supérieur public (1984)*, Toulouse, 1985.
- Loisel (G.), *Histoire des ménageries de l'Antiquité à nos jours*, Paris, 1912, 3 vol.
- *L'Uomo di fronte al mondo animale. Settimane di studio del Centro italiano di studi sull'alto medioevo (1982)*, Spolète, 1984.
- **P**aravicini Bagliani (Agostino), dir., *Il mondo animale. The World of Animals*, Turnhout et Florence, 2000, 2 vol. (*Micrologus*, VIII, 1-2).
- **S**alisbury (J. E.), *The Beast Within. Animals in the Middle Ages, New York, 1994.*
- **Z**euner (F.E.), *A History of Domesticated Animals*, Londres, 1963.

・古典作品、圣经、教会圣师著作・

- **A**ndré (Jacques), *Les Noms d'oiseaux en latin*, Paris, 1967.
- Aymard (Jacques), *Les Chasses romaines*, Paris, 1951.
- **B**ousquet (G. H.), *Des animaux et de leurs traitements selon le judaïsme, le christianisme et l'islam, dans Studia islamica*, t. IX, 1958, p. 31-48.
- **G**iebel (Marion), *Tiere in der Antike. Von Fabelwesen, Opfertieren und treuen Begleitern*, Stuttgart, 2003.
- **H**esbert (R.J.),"Le bestiaire de Grégoire ", dans

J. Fontaine (dir.), *Grégoire le Grand*, Paris, 1986, p. 455-466.

- **K**eller (Oskar), *Die antike Tierwelt, Leipzig*, 1913, 2 vol.
- ***L**a Bible de A à Z. Animaux, plantes, minéraux et phénomènes naturels*, Turnhout, 1989.
- **M**iquel (dom Pierre), *Dictionnaire symbolique des animaux. Zoologie mystique*, Paris, 1992.
- **T**oynbee (J. M. C.), *Animals in Roman Life and Arts*, Londres, 1973.
- **V**oisenet (Jacques), *Bestiaire chrétien. L'imagerie animale des auteurs du haut Moyen Âge (Ve-XIe s.)*, Toulouse, 1994.
- –, *Bêtes et hommes dans le monde médiéval. Le bestiaire des clercs du Ve au XIIe siècle*, Turnhout, 2000.

· 圣徒传记 ·

- **A**nti (E.), *Santi e animali nell'Italia padana (secoli IV-XII)*, Bologne, 1998.
- **B**ernhart (Joseph), *Heilige und Tiere*, Munich, 1937.
- Boglioni (Pierre),"Les animaux dans l'hagiographie monastique ", dans Berlioz (J.) et Polo de Beaulieu (M. A.), dir., *L'Animal exemplaire au Moyen Âge (Ve-XVe s.)*, Rennes, 1999.
- **C**ardini (Francesco), "Francesco d'Assisi e gli animali", dans *Studi Francescani (Firenze)*, vol. 78/1-2, 1981, p. 7-46.
- **G**uilbert (L.), "L'animal dans la Légende dorée", dans Dunn-Lardeau (dir.), Legenda aurea : *sept siècles de diffusion*, Montréal, 1986, p. 77-94.
- **N**itschke (A.), " Tiere und Heilige ", dans *Festgabe für Kurt von Raumer*, Münster, 1966, p. 62-100.
- **P**enco (Gregorio), "Il simbolesco animalesco nella letteratura monastica", dans *Studia monastica*, t. 6, 1964, p. 7-38.
- **W**addell (H.), *Beasts and Saints*, Londres, 1934.

· 动物学、百科全书 ·

- **B**orst (Arno), *Das Buch der Naturgeschichte. Plinius und seine Leser im Zeit des Pergaments*, 2e éd., Heidelberg, 1995.
- Boüard (Michel de), *Une nouvelle encyclopédie médiévale : le Compendium philosophiae*, Paris 1936.
- **H**enderson (John), *The Médiéval World of Isidore of Seville. Truth from Words*, Cambridge, 2007.
- Heyse (E.), *Hrabanus Maurus' Enzyklopädie De rerum naturis. Untersuchungen zu den Quellen und zur Methode der Kompilation*, Munich, 1969.
- **K**itchell (K. E), *Albertus Magnus on animals. A Medieval Summa Zoologica*, Berkeley, 1998, 2 vol.
- **P**ellegrin (P.), *La Classification des animaux chez Aristote*, Paris, 1983.
- Picone (Michelangelo), dir., *L'enciclopedismo medievale*, Ravenne, 1994.
- **R**ibémont (Bernard), De natura rerum. *Études sur les encyclopédies médiévales*, Orléans, 1995.
- –, *La Renaissance du XIIe siècle et l'encyclopédisme*, Paris, 2002.
- –, *Littérature et encyclopédie au Moyen Âge*, Paris, 2002.
- **V**an den Abeele (Baudouin), dir., *Aristotle's Animals in the Middle Ages and Renaissance*, Louvain, 1999.
- Van den Abeele (Baudouin) et Meyer (Heinz), dir., *Bartholomeus Anglicus, "De proprietatibus rerum". Texte latin et réception vernaculaire. Lateinischer Text und volksprachige Rezeption*, Turnhout, 2005.

· 动物图鉴 ·

- **A**llen (L. G.), *An Analysis of the Medieval French Bestiaries*, Chapel Hill, 1935.
- **B**axter (Ron), *Bestiaries and their Users in the Middle Ages*, Phoenix Mil (G.-B.), 1999.
- Bianciotto (Gabriel), *Bestiaires du Moyen Âge*, 2e éd., Paris, 1992.
- **C**lark (W.B.) et McNunn (T.), dir., *Beasts and Birds of the Middle Ages. The Bestiary and its Legacy*, Philadelphie, 1989.
- **D**uchet-Suchaux (Gaston) et Pastoureau (Mchel), *Le Bestiaire médiéval. Dictionnaire historique et bibliographique*, Paris, 2002.
- **F**ebel (G.) et Maag (G.), *Bestiarien im Spannungsfeld. Zwischen Mittelalter und Moderne*, Tübingen, 1997.
- **G**eorgp (Wilma) et Yapp (Brundson), *The Naming of the Beasts. Natural History in the Medieval Bestiary*, Londres, 1991.
- **H**assig (D.), *Medieval Bestiaries : Text, Image, Ideology*, Cambridge, 1995.
- Henkel (Nikolaus), *Studien zum Physiologus im Mittelalter*, Tübingen, 1976.
- **J**ames (M. R.), *The Bestiary*, Oxford, 1928.
- **K**itchell (Kenneth) et Resnick (Irven M.), *Albertus Magnus " On Animal". A Medieval* summa zoologica translated and annotated, Baltimore, 1999.
- **L**anglois (Charles-Victor), *La Connaissance de la nature et du monde au Moyen Âge*, Paris, 1911.
- Lauchert (Friedrich), *Geschichte der Physiologus*, Strasbourg, 1889.
- **M**cCulloch (Florentine), *Medieval Latin and French Bestiaries*, Chapel Hill (États-Unis), 1960.
- Meyer (Paul), "Les bestiaires", dans *Histoire littéraire de la France*, t. 34, 1914, p. 362-390.
- Morini (Luigina) (dir.), *Bestiari medievali*, Turin, 1996.
- Muratova (Xenia), *The Medieval Bestiary*, Moscou, 1984.
- **S**eel (Otto), *Der Physiologus. Tiere und ihre Symbolik*, Zurich, 1992.
- **V**an den Abeele (Baudouin), dir., *Bestiaires médiévaux. Nouvelles perspectives sur les manuscrits et les traditions textuelles*, Louvain-la-Neuve, 2005.
- **Z**ucker (A.), *Physiologos. Le bestiaire des bestiaires*, Grenoble, 2004.

· 捕 猎 ·

- **C**ummins (John), *The Hound and the Hawk. The Art of the Medieval Hunting*, Londres, 1988.
- **G**alloni (Paolo), *Il cervo e il lupo. Caccia e cultura nobiliare nel medioevo*, Rome-Bari, 1993.
- ***L**a Chasse au Moyen Âge. Actes du colloque de Nice (juin 1979)*, Nice, 1980.
- Lecouteux (Claude), *Chasses fantastiques et cohortes de la nuit au Moyen Âge*, Paris, 1999.
- Lindner (Kurt), *Die Jagd im frühen Mittelalter*, Berlin, 1960 (*Geschichte des deutschen Weidwerks*, vol. 2).
- **P**icard (E.),"La vénerie et la fauconnerie des ducs de Bourgogne", dans *Mémoires de la Société éduenne (Autun)*, 9, 1880, p. 297-418.
- **R**ösener (Werner), dir., *Jagd und höfische Kultur im Mittelalter*, Göttingen, 1997.
- **S**trubel (Armand) et Saulnier (Chantal de), *La Poétique de la chasse au Moyen Âge. Les livres de chasse du XIVe siècle*, Paris, 1994.
- **V**an den Abeele (Baudouin), *La Fauconnerie dans les lettres françaises du XIIe au XIVe siècle*,

Louvain, 1990.
- –, *Les Traités de fauconnerie latins du Moyen Âge*, Louvain-la-Neuve, 1991.
- –, *La Littérature cynégétique*, Turnhont, 1996 (*Typologie des sources du Moyen Âge occidental*, 75).
- Verdon (Jean), "Recherches sur la chasse en Occident durant le haut Moyen Âge ", dans *Revue belge de philologie et d'histoire*, t. 56, 1978, p. 805-829.

· 文 学 ·

- **B**eer (Jeanette), *Beasts of Love. Richard de Fournival's Le Bestiaire d'Amour and a Woman's Response*, Toronto, 2003.
- Bichon (Jean), *L'Animal dans la littérature française au XIIe et au XIIIe siècle*, thèse, Lille, 1977, 2 vol.
- Buschinger (Danielle), dir., *Hommes et animaux au Moyen Âge*, Greifswald, 1997.
- **C**onnochie-Bourgne (Chantal), dir., *Déduits d'oiseaux au Moyen Âge*, Aix-en-Provence, 2009 (Senefiance, vol. 54).
- **D**icke (Gerd) et Grubmüller (Klaus), *Die Fabeln des Mittelalters und der frühen Neuzeit*, Munich, 1987.
- **F**linn (J.), *Le Roman de Renart dans la littérature française et dans les littératures étrangères au Moyen Âge*, Paris, 1963.
- **H**ervieux (Léopold), *Les Fabulistes latins depuis le siècle d'Auguste jusqu'à la fin du Moyen Âge*, Paris, 1884-1899, 5 vol.
- Harf-Lancner (Laurence), dir., *Métamorphose et bestiaire fantastique au Moyen Âge*, Paris, 1985.
- Hensel (W), "Die Vögel in der provenzalischen und nordfranzösischen Lyrik des Mttelalters", dans *Romanische Forschungen*, t. XXVI, 1891, p. 584-670.
- **J**auss (H.R.), *Untersuchungen zur mittelalterlichen Tierdichtung*, Tübingen, 1959.
- **K**napp (F. R.), *Das lateinische Tierepos*, Darmstadt, 1979.
- **L**ecouteux (Claude), *Les Monstres dans la littérature allemande du Moyen Âge (1150-1350)*, Göppingen, 1982, 3 vol.
- **R**ombauts (E.) et Welkenhuysen (A.), dir., *Aspects of the Medieval Animal Epic*, Louvain, 1975.
- **W**üster (G.), *Die Tiere in der altfranzösischen Literatur*, Göttingen, 1916.

· 艺术与图像 ·

- **B**aker (Steve), *Picturing the Beast. Animal, Identity and Representation*, Manchester, 1993.
- Benton (J. R.), *The Medieval Menagerie. Animals in the Art of the Middle Ages*, New York, 1992.
- **C**amus (Marie-Thérèse), *Les Oiseaux dans la sculpture du Poitou roman*, Poitiers, 1973.
- **D**ebidour (Victor H.), *Le Bestiaire sculpté du Moyen Âge en France*, Paris, 1961.
- Druce (G. C.), "The Medieval Bestiaries and their Influence on Ecclesiastical Decorative Art", dans *Journal of the British Archeological* Association, vol. 25, 1919, p. 41-82, et vol. 26, 1920, p. 35-79.
- **E**vans (E. P.), *Animal symbolism in Ecclesiastical Architecture*, Londres, 1896.
- **G**athercole (P. M.), *Animals in Medieval Manuscript Illumination*, New York, 1995.
- **H**assig (Debra), dir., *The Mark of the Beast. The Medieval Bestiary in Art, Life and Literature*, New York, 1999.
- Hicks (C.), *Animals in Early Medieval Art*, Édimbourg, 1993.
- Houwen (L.), dir., *Animals and the Symbolic in*

Medieval Art and Literature, Groningen, 1997.
- **J**ean-Nesmy (C.), *Bestiaire roman*, Paris, 1977.
- **M**alaxecheverria (I.), *El bestiario esculpido en Navarra*, Pampelune, 1982.
- Michel (P.), *Tiere als Symbol und Ornament*, Berne, 1979.
- Muratova (Xenia), "Adam donne leurs noms aux animaux. L'iconographie de la scène dans l'art du Moyen Âge... ", dans *Studi Medievali*, 3e série, t. XVIII, décembre 1977, p. 367-394.
- –, *The Medieval Bestiary*, Moscou, 1984.

Pastoureau (Michel), "L'animal", dans Jacques Dalarun, dir., *Le Moyen Âge en lumière*, Paris, 2002, p. 64-105.
- **P**ayne (Ann), *Medieval Beasts*, Londres, 1990.
- **R**andall (Lilian), *Images in the Margins of Gothic Manuscripts*, Berkeley, 1966.
- **T**esnière (Marie-Hélène), *Bestiaire médiéval. Enluminures*, Paris, 2005.
- Tesnière (Marie-Hélène) et Delcourt (Thierry), dir., *Bestiaires du Moyen Âge. Les animaux dans les manuscrits*, Paris, 2004.
- **Y**app (B.), *Birds in Medieval Manuscripts*, Londres, 1981.

· 标志与符号 ·

- **A**lbert-Llorca (M.), *L'Ordre des choses. Les récits d'origine des animaux et des plantes en Europe*, Paris, 1991.
- **B**lankenburg (Wera von), *Heilige und dämonische Tiere. Die Symbolsprache der deutschen Ornamentik im frühen Mittelalter*, Leipzig, 1942.
- **C**harbonneau-Lassay (Louis), *Le Bestiaire du Christ*, Bruges, 1940.
- **G**ubernatis (A. de), *Mythologies zoologiques, ou les Légendes animales*, réimpr. Milan, 1987.
- **H**ouwen (Luuk), dir., *Animals and the Symbolic in Medieval Art and Literature,* Groningen, 1997.
- **L**aurioux (Bruno), "Manger l'impur. Animaux et interdits alimentaires durant le haut Moyen Âge", dans *Homme, animal et société*, Toulouse, 1989, t. III, p. 73-87.
- Lecouteux (Claude), *Les Monstres dans la pensée médiévale européenne*, Paris, 1993.
- Marino Ferro (Xose Ramon), *Symboles animaux,* Paris, 1996.
- **P**astoureau (Michel), "Bestiaire du Christ, bestiaire du Diable. Attribut animal et mise en scène du divin dans l'image médiévale", dans *Couleurs, images, symboles. Études d'histoire et d'anthropologie*, Paris, 1986, p. 85-110.
- –, "Nouveaux regards sur le monde animal à la fin du Moyen Âge", dans *Micrologus. Natura, scienze e società medievali*, vol. IV, 1996, p. 41-54.
- **R**owland (Béryl), *Animal with Human Faces. A Guide to Animal Symbolism*, Knoxville, 1973.
- –, *Birds with Human Souls. A Guide to Bird Symbolism*, Knoxville, 1978.
- **S**chmidtke (D.), *Geistliche Tierinterpretation in der deutschsprachigen Literatur des Mittelalters (1100-1500)*, Munich, 1968.
- Steinen (W. von den), "Altchristlich-mittelalterliche Tiersymbolik", dans *Symbolum*, t. IV, 1964, p. 218-243.
- **Z**ambon (Francesco), *L'alfabeto simbolico degli animali*, Milan, 2001.

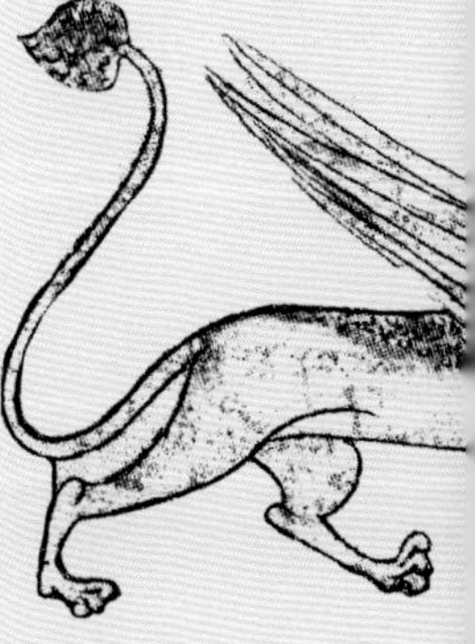

致 谢

我研究中世纪动物图鉴已有几十年，在国立文献典章学院做的博士论文也是关于这方面的内容，并于 1972 年通过答辩，做学生和青年研究员时所做的早期工作也都贡献给了这方面的研究。30 多年来，我在高等研究应用学院和社会科学高等学院所做的讲座也常常涉及动物学的历史，研究古典时期及中世纪有关动物的理论。在此要为这些年来的成果感谢我所有的学生和听讲者。

也要感谢陪伴我研究动物图鉴、写作本书的所有朋友和同事，尤其是博杜安·范·德·阿贝勒（Baudouin Van den Abeele）、雅克·贝廖兹（Jacques Berlioz）、加布里埃尔·比安乔托（Gabriel Bianciotto）、洛朗斯·博比（Laurence Bobis）、蒂埃里·比凯（Thierry Buquet）、雷米·科多尼耶（Rémy Cordonnier）、弗朗索瓦·雅凯松（François Jacquesson）、卡罗琳·马松－福斯（Caroline Masson-Voos）、阿戈斯蒂诺·帕拉维奇尼·巴利亚尼（Agostino Paravicini Bagliani）、弗朗索瓦·波普兰（François Poplin）、克洛迪娅·拉贝尔（Claudia Rabel）、帕特里夏·斯蒂尔纳曼（Patricia Stirnemann）。

最后还要感谢瑟伊出版社（Éditions du Seuil），感谢克洛德·埃纳尔（Claude Hénard）及其团队，包括卡琳·邦扎坎（Karine Benzaquin）、卡罗琳·富克斯（Caroline Fuchs）、贝尔纳·皮埃尔（Bernard Pierre）和夏洛特·德比奥勒（Charlotte Debiolles）。大家努力让这部作品成了一本非常漂亮的书。